U0228984

垃圾填埋场衬垫系统受力特性研究

李明飞　孙海霞　著

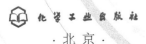

化学工业出版社

·北京·

内容提要

《垃圾填埋场衬垫系统受力特性研究》主要内容包括：一种土工合成材料界面应变软化特性本构新模型、垃圾填埋场衬垫系统剪力传递研究、填埋场边坡坡度与衬垫系统受力关系研究、垃圾填埋以及作业车辆引起的衬垫系统受力研究、衬垫层锚固结构受力特性研究。本书研究成果可以为垃圾填埋场衬垫系统的设计、施工提供理论参考。

本书可供岩土工程、环境工程、土木工程等领域的科研技术人员参考，也可作为高等学校研究生的教学参考用书。

图书在版编目（CIP）数据

垃圾填埋场衬垫系统受力特性研究/李明飞，孙海霞著. —北京：化学工业出版社，2019.12
ISBN 978-7-122-36069-4

Ⅰ.①垃… Ⅱ.①李… ②孙… Ⅲ.①卫生填埋场-垫圈-受力性能-研究 Ⅳ.①X705

中国版本图书馆 CIP 数据核字（2019）第 286106 号

责任编辑：满悦芝　　　　　　　　　　　　文字编辑：王　琪
责任校对：刘曦阳　　　　　　　　　　　　装帧设计：张　辉

出版发行：化学工业出版社（北京市东城区青年湖南街 13 号　邮政编码 100011）
印　　装：北京虎彩文化传播有限公司
710mm×1000mm　1/16　印张 9¼　字数 198 千字　2020 年 5 月北京第 1 版第 1 次印刷

购书咨询：010-64518888　　　　　　　　售后服务：010-64518899
网　　址：http://www.cip.com.cn
凡购买本书，如有缺损质量问题，本社销售中心负责调换。

定　　价：49.00 元

前　言

　　卫生填埋是目前世界上最常用的城市生活垃圾处理技术。我国从20世纪80年代起，在一些经济发达的城市开始建立首批城市生活垃圾卫生填埋场，经过几十年的发展，垃圾填埋场在我国多数城市得到了广泛的应用，全国垃圾填埋场数量已接近700座。在垃圾填埋场中，由于雨水或融雪的流入以及垃圾的生物降解，会产生高度浓缩并含有多种有害物质的渗滤液，因此填埋场在底部和侧面必须设置衬垫系统用以封堵渗滤液，避免渗漏到场外污染地下水及周边土体。衬垫系统不仅包括由土工膜、压实黏土或土工复合膨润土垫等材料组成的防渗体系，也包括由碎石、土工织物、土工网或土工复合排水网等材料组成的渗滤液导排系统。从环境角度出发，衬垫系统的应用较好地解决了填埋场的防渗问题，然而在各种因素包括垃圾填埋体的自重压缩沉降、填埋作业机械的碾压、地基不均匀沉降以及地震荷载等的作用下，衬垫系统的土工膜及其他土工合成材料层内将会产生拉应力。如果拉应力超出了土工合成材料的抗拉极限强度，将导致衬垫层的撕裂破坏，隔绝渗滤液的功能失效，造成周围土体及地下水的污染。随着社会的发展，环境保护、绿色健康生活等理念更加深入人心，填埋场的安全性问题也受到越来越多的关注。因此，需要通过研究探明垃圾填埋场衬垫系统的受力特性和在各种因素作用下的受力状况，为填埋场设计提供理论依据，增强工程的安全性和经济性，确保填埋场衬垫系统发挥正常作用，降低环境污染风险。

　　本书首先根据土工合成材料界面剪应力相对位移曲线特点，提出了一种新的应变软化特性本构模型，并给出了界面剪切刚度计算表达式。接下来考虑材料间界面应变软化特性，对四层直剪试验进行了有限元模拟，并进行了有限元参数分析，初步研究了复合衬垫系统的剪力传递过程和影响因素。然后进行了一系列不同边坡坡度的垃圾填埋场离心模型试验，结合有限元分析评价了填埋场边坡坡度对衬垫系统受力的影响。通过离心模型试验、现场试验的有限元模拟，研究了垃圾填埋过程以及填埋作业车辆与衬垫系统受力的关系。采用有限元法分析了双层防渗膜衬垫系统内土工合成材料层的受力状况，并与单层防渗膜衬垫系统进行了对比分析。最后对垃圾填埋场衬垫层锚固结构受力特性进行了分析，提出了一种衬垫层新型锚固结构，并对其开展了模型试验研究。本书研究成果可以为垃圾填埋场衬垫系统的设计、施工提供理论参考。

作者在本书相关内容研究过程中，得到了辽宁省教育厅科学技术研究项目（L2012030）、辽宁省高等学校基本科研项目（LQGD2017028）、日本文部科学省科学研究费辅助金等项目的资助，在此表示感谢。感谢日本宇都宫大学的今泉繁良教授和许四法博士、沈阳工业大学的宁宝宽教授和李勇工程师等给予的指导和大力支持。研究生任一男、方瑞东等参与了部分内容的研究，感谢他们对本书做出的贡献。本书的出版得到作者单位（沈阳工业大学）的大力资助，在此一并表示感谢！作者在研究及本书撰写过程中，参阅了国内外同行的文献，在此向你们致敬！

本书可供岩土工程、环境工程、土木工程等领域的科研技术人员参考，也可作为高等学校研究生的教学参考用书。

由于作者水平和时间有限，不足之处在所难免，恳请读者批评指正。

李明飞
2019 年 12 月于沈阳

目录

4 垃圾填埋场衬垫系统剪力传递研究

5 填埋场边坡坡度与衬垫系统受力关系研究

附录

参考文献

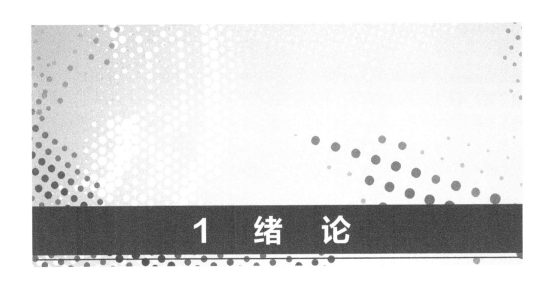

1 绪 论

1.1 研究背景

城市生活垃圾，也称城市固体废物，是指在城市日常生活中或为城市日常生活提供服务的活动中产出的固体废物。主要包括居民生活垃圾、集市贸易与商业垃圾、公共场所垃圾、街道清扫垃圾、农贸市场垃圾以及企事业单位生活垃圾等。随着我国人民生活水平的不断提高，城镇化进程的加快，城市人口的急剧增加，全国垃圾年产量已超过2.1亿吨/年，且以每年7%～10%的速率高速增长[1,2]。表1.1为国家统计局2011—2017年的垃圾清运及处理统计数据，其中，垃圾清运量从2011年的16395.3万吨上升至2017年的21520.9万吨，随着国家对垃圾管理和治理的加强，垃圾无害化处理比例已达到97.7%。

表1.1 近年中国城市生活垃圾清运量及无害化处理量（中国国家统计局）

年份	城市生活垃圾清运量/10^4 t	无害化处理厂数/座		无害化处理量/10^4 t			无害化处理比例/%
		卫生填埋	焚烧	卫生填埋	焚烧	堆肥及其他	
2011	16395.28	547	109	10063.74	2599.28	426.62	79.84
2012	17080.87	540	138	10512.49	3584.06	392.99	84.83
2013	17238.58	580	166	10492.69	4633.72	267.57	89.30
2014	17860.20	604	188	10744.30	5329.90	319.60	91.79
2015	19141.90	640	220	11483.10	6175.50	354.40	94.10
2016	20362.00	657	249	11866.40	7378.40	428.90	96.62
2017	21520.90	654	286	12037.60	8463.30	525.02	97.70

伴随着持续增长的垃圾产生量，全国垃圾存量据估算已达到 66 亿吨之多，很多城市陷入垃圾的重围[3]。如何高效、安全地处理城市生活垃圾已成为城市发展中急需解决的主要问题之一。城市生活垃圾主要有三种处置方法：卫生填埋、堆肥和焚烧，其中卫生填埋是目前最常用的垃圾处理技术，由表 1.1 数据可知，近些年卫生填埋处理量一直占我国城市生活垃圾清运量的一半以上。卫生填埋是在科学选址的基础上，采用必要的场地防护处理手段和合理的填埋结构，以最大限度地减少和消除垃圾对环境，尤其对地下水体污染的影响。垃圾焚烧后产生的残渣最终也要通过卫生填埋进行无害化处理。我国现阶段生活垃圾组分复杂、厨余含量高、有机质含量高、水分含量大、热值低等特点决定了在今后相当长的时间内卫生填埋处置仍将是生活垃圾的主要处置方式。

早在 20 世纪 20—30 年代，西方发达国家就开始建设填埋场，但由于当时环境问题没有受到普遍重视，采用的构造相对简单，还不能达到卫生填埋的水平，真正意义上的现代垃圾卫生填埋场是从 20 世纪 60 年代才出现。我国从 20 世纪 80 年代起，一些经济发达的城市开始建立首批城市生活垃圾卫生填埋场（以下简称垃圾填埋场）。经过几十年的发展，垃圾填埋场在我国多数城市得到了广泛的应用，大型填埋场的建设工程随着许多大中城市的发展不断涌现，截至 2017 年，全国垃圾填埋场数量已经达到 654 座（表 1.1）。

在垃圾填埋场中，城市生活垃圾按规程被填埋处理，一般将垃圾以每层 2.5～3m 的厚度在日填埋区内加以摊铺，然后进行机械压实，最终在垃圾的上部铺以 15～30cm 的黏土层或土工膜，形成一个完整的日填埋单元。具有同样高度的一系列相互衔接的填埋单元构成一个填埋层，多个填埋层组成垃圾填埋体。当填埋到最终设计高度后，覆盖一层土壤或土工复合层，最终形成封场的垃圾填埋场。

在垃圾填埋场的使用期间内，由于雨水或融雪的流入以及垃圾的生物降解，将产生高度浓缩的渗滤液。渗滤液中含有多种有害物质，如不经处理直接排入地下水或河流中将严重污染环境[4,5]。尤其在填埋场位置距城市较近时，渗滤液的渗流将严重威胁城市居民的健康。因此，在垃圾填埋场底部和侧面必须设置防渗衬垫层用于封堵填埋场的渗滤液，避免渗漏到场外污染地下水及周边土体。垃圾填埋场防渗衬垫结构如图 1.1 所示。图 1.2 为建设中的垃圾填埋场示例。

防渗衬垫层最初利用夯实的黏土层简单阻隔渗滤液，后多采用土工合成材料进行严格防渗。这种衬垫层一般包括以橡胶、树脂等高分子材料做成的土工膜，以及其他保护类材料。随着科技的发展、新材料的不断出现以及环保意识的不断增强，各国单纯采用防渗材料的已经很少，都将土工膜、土工网、土工布、土工复合膨润

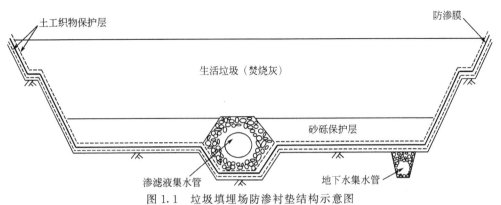

图 1.1　垃圾填埋场防渗衬垫结构示意图

图 1.2

图 1.2　建设中的某垃圾填埋场实景图

土垫（GCL）、土工格栅等多种土工合成材料联合应用，使衬垫层除原有防渗功能外还有更高的抗拉强度以及自我修复能力，另外，为提高防渗安全性，也有衬垫构造采用双层防渗膜。这些衬垫构造一般称为复合衬垫系统。我国近年来建设的大型填埋场也在逐渐采用这种复合衬垫系统。

　　从环境角度出发，衬垫系统的应用较好地解决了垃圾填埋场的防渗问题，但是，衬垫系统中使用的土工合成材料通常会受到各种力的作用，例如温度降低引起的温度应力[6,7]、风的拉升力[8]、垃圾压实作业产生的向下拉力[9,10] 等。另外，垃圾填埋体在自重下的压缩沉降、地基局部沉陷、地基不均匀沉降以及地震荷载等的作用，都会在衬垫系统的土工膜及其他土工合成材料层内引起拉应力[11-17]。如果拉应力超出了土工合成材料的抗拉极限强度，将导致衬垫层的撕裂破坏，隔绝渗滤液的功能失效，渗滤液泄漏进入周围土体及地下水中，造成不可挽回的环境污染。

　　由于衬垫系统在垃圾填埋场中的重要作用，要求其始终保持稳定性和完整性。但由于衬垫系统内各种材料具有不同的力学特性，而且衬垫系统内部各材料之间的界面抗剪强度普遍较低，可能给填埋场带来沿衬垫系统界面的失稳问题，甚至引起土工合成材料的受拉破坏。在垃圾填埋场的发展历史上，国内外发生过多例填埋体失稳或衬垫层破坏的事故，造成了大量的财物损失甚至人员伤亡，还严重污染了周边环境。日本垃圾填埋技术系统协会曾报道，由于填埋作业车辆产生过大的拉力和地基沉降，防渗膜损坏事故时有发生，特别是 1985 年和 1993 年东京垃圾填埋场的防渗膜事故[18]。1988 年 3 月 19 日美国 Kettleman Hills 垃圾填埋场发生了沿填埋场衬垫系统薄弱界面失稳的事故[19-21]。2000 年 7 月 10 日菲律宾 Payatas 垃圾填埋场因连续强降雨发生了填埋体失稳流滑事故[22]。国内也有填埋场发生过边坡上防渗土工膜被拉断的情况。

衬垫系统是控制填埋场污染的关键性结构，其设计合理性与施工质量是填埋场是否能正常运行的关键。基于前述，垃圾填埋场在设计上必须考虑各种因素导致的土工合成材料衬垫系统的受力问题。国内外学者对衬垫系统的受力特性及受力计算方法进行了大量的研究与探索，取得了很多有意义的成果，但随着复合衬垫系统的广泛应用以及填埋场在工程实践中遇到的新情况，还有许多问题尚不完全清楚。因此，应针对垃圾填埋场衬垫系统的受力特性及受力计算等问题开展多层次、多角度的研究，以期实现更加安全、经济的工程设计。

1.2　垃圾填埋场衬垫系统材料与构造

防止渗滤液渗漏和扩散是填埋场最关键的问题之一，而由于渗滤液具有极强的污染性和腐蚀性，衬垫系统的设计尤为关键。衬垫系统不仅包括由压实黏土（CCL）、防渗膜或土工复合膨润土垫（GCL）等材料组成的防渗系统，也包括导排系统。导排系统材料常采用碎石、土工网、土工复合排水网以及土工织物等，作用是及时排出渗滤液、减小防渗衬垫层上的渗滤液水头。土工膜通常作为主要的防渗材料来隔绝填埋垃圾产生的渗滤液。土工布通常用作保护层，以防止防渗膜被排水层的砾石或尖锐的垃圾刺穿。下部的低渗透压实黏土衬垫和土工合成材料黏土衬垫提供一个补充屏障，以延缓因土工膜破损导致的渗滤液下渗。

土工膜是垃圾填埋场防渗工程中运用最广泛的材料，也是防渗系统的核心材料。目前，垃圾填埋场衬垫系统中使用的土工膜主要是合成橡胶和树脂类。合成橡胶或树脂有很好的防渗性，一般渗透系数小且有良好的延伸性、强度及耐久性。土工膜种类主要有：高密度聚乙烯（high density polyethylene，HDPE）；低密度聚乙烯（low density polyethylene，LDPE）；高柔韧聚乙烯（high flexible polyethylene，VFPE）；聚烯烃热塑性弹性体（thermoplastic polyolefin，TPO）；聚丙烯（polypropylene，PP）；聚氯乙烯（polyvinyl choride，PVC）；三元乙丙橡胶（ethylene propylene diene monomer，EPDM）等。

在树脂和橡胶类土工膜中，HDPE 土工膜的性能较好，特别是具有良好的耐化学腐蚀性，能抵御各种化学品的侵蚀，以及具有优异的强度、抗穿刺性能和焊接性能。我国已建成的数十座大中型城市生活垃圾填埋场，如深圳、北海、昆明、海口、保定、北京六里屯、天津、青岛、泉州、杭州等，皆采用了 HDPE 土工膜[23]。低密度聚乙烯土工膜适用于对柔韧性要求较高的填埋场，优良的弹性能够适应不平整的场地表面，能够在填埋场覆盖系统以及中间系统发挥作用，也常用于老填埋场扩建工程中。土工膜的厚度一般为 0.5～3mm 不等，垃圾填埋场用土工膜的厚度通常至少取 1.5mm，以满足搭接处的焊接要求。

土工织物又称土工布，是由合成纤维通过针刺或编织而成的透水性土工合成材料，成品为布状，分为有纺土工织物和无纺土工织物。土工织物的制造过程是首先把聚合物原料加工成丝、短纤维、纱或条带，然后再制成平面结构的土工织物。土工织物具有优秀的过滤、隔离、加固防护作用，抗拉强度高，渗透性好，耐高温，抗冷冻，耐老化，耐腐蚀。填埋场中一般采用单位重量较重的无纺土工织物置于土工膜之上起保护和排水作用，是填埋场中应用最广泛的土工合成材料之一。

土工复合排水网一般由排水网芯双面黏结土工织物制成，组合了土工织物反滤作用和土工网排水和保护作用，能提供完整的"反滤-排水-保护"功效。

土工格栅是用聚乙烯、聚丙烯或高强聚酯纤维等高分子聚合物经热塑或模压而成的二维网格状或具有一定厚度的三维立体网格屏栅。土工格栅是一种整体连贯的平面开式网络结构，其孔洞较大，在使用时基体中的土壤、石块或其他材料可穿透格栅，在衬垫系统中主要起加筋和防护作用。

国外垃圾填埋场衬垫系统的使用早于国内。根据日本厚生劳动省于 1998 年制定的标准部级条例，如果填埋场的黏土层厚度大于 5m，渗透性小于 $1×10^{-5}$ cm/s，则无须设置防渗膜。如果不能满足此条件，则应使用如下的衬垫结构。

① 黏土＋防渗膜［图 1.3(a)］ 黏土层厚度至少为 50cm，渗透性小于等于 $1×10^{-6}$ cm/s；防渗膜厚度至少 1.5mm；防渗膜上必须设置土工布保护层和厚度超过 50cm 的保护土层。

② 沥青混凝土＋防渗膜［图 1.3(b)］ 沥青混凝土层厚度至少为 5cm，渗透性不大于 $1×10^{-7}$ cm/s；防渗膜厚度至少 1.5mm；防渗膜上必须设置土工布保护层和厚度超过 50cm 的保护土层。

③ 双层防渗膜［图 1.3(c)］ 防渗膜厚度至少 1.5mm；必须使用中间保护层；防渗膜上必须设置土工布保护层和厚度超过 50cm 的保护土层；第二层防渗膜下面应设置下部土工布保护层。

日本垃圾填埋场使用的防渗膜主要类型为 TPO（PP）(热塑性聚烯烃-聚丙烯)、TPO（PE）(热塑性聚烯烃-聚乙烯) 和 HDPE（高密度聚乙烯）。

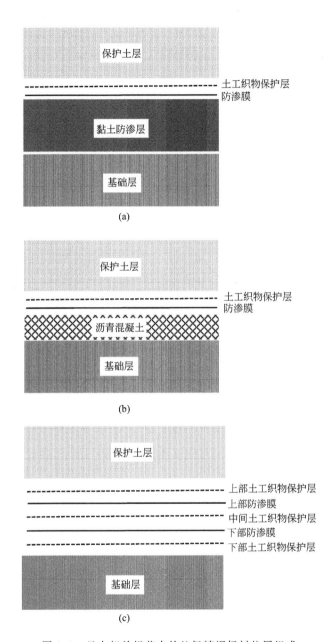

图 1.3 日本相关规范中的垃圾填埋场衬垫层组成

在很多欧美国家黏土衬垫层的使用较为普遍，但一般同时规定必须在黏土层上设置防渗膜[24]。另外，需在防渗膜上方设置排水层，防止渗滤液储存，以降低渗漏风险。各国对黏土衬垫的规定见表 1.2。对于 50～100cm 厚的黏土层，渗透性应为 1×10^{-7} cm/s 及以下，这比上述日本规定更为严格。

表 1.2   各国垃圾填埋场衬垫层组成[24]

国家	黏土层厚度/cm	黏土层渗透系数/(cm/s)	衬垫层组成
澳大利亚	60	1×10^{-7}	防渗膜+黏土层
比利时	100	1×10^{-7}	防渗膜+黏土层
法国	500	1×10^{-5}	防渗膜+黏土层
德国	75	1×10^{-8}	防渗膜+黏土层
意大利	100	1×10^{-7}	防渗膜+黏土层
英国	100	1×10^{-7}	防渗膜+黏土层
美国	50	1×10^{-7}	双层防渗膜+黏土层
葡萄牙	50	1×10^{-7}	防渗膜+黏土层
瑞士	80	1×10^{-7}	防渗膜+黏土层

我国 1989 年原建设部颁布的《城市生活垃圾卫生填埋技术标准》(CJJ 17—88)以及后来改进的《城市生活垃圾卫生填埋技术规范》(CJJ 17—2001)，为国内早期的填埋场设计提供了基本依据。随着国内填埋场应用经验的积累，城市生活垃圾填埋处理的重点从渗滤液和填埋废气等二次污染物的处理方面，转移到填埋场防渗、液气疏导及终场覆盖等控制污染产生的工程措施方面。更多的城市正在精心设计或建造具有更高标准的城市生活垃圾卫生填埋场，力求在底部防渗和渗滤液控制等方面取得更好的效果。

目前，中华人民共和国原建设部颁布的《生活垃圾卫生填埋场防渗系统工程技术规范》(CJJ 113—2007)[25]，以及后来中华人民共和国住房和城乡建设部颁布的《生活垃圾卫生填埋场运行维护技术规程》(CJJ 93—2011)[26]、《生活垃圾卫生填埋场岩土工程技术规范》(CJJ 176—2012)[27]、《生活垃圾卫生填埋处理技术规范》(GB 50869—2013)[28]等规范和标准为填埋场的建设、运营、维护提供了根本指南。其中《生活垃圾卫生填埋场防渗系统工程技术规范》(CJJ 113—2007)规定：防渗结构的类型应分为单层防渗结构和双层防渗结构。单层防渗结构的层次从上至下为渗滤液收集导排系统、防渗层（含防渗材料及保护材料）、基础层、地下水收集导排系统。单层防渗结构的设计应从图 1.4 所示规定形式中选择。双层防渗结构的层次从上至下为渗滤液收集导排系统、主防渗层（含防渗材料及保护材料）、渗漏检测层、次防渗层（含防渗材料及保护材料）、基础层、地下水收集导排系统。双层防渗结构应按图 1.5 形式设计。

《生活垃圾卫生填埋场防渗系统工程技术规范》(CJJ 113—2007) 同时要求

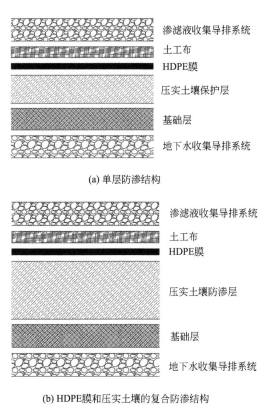

(a) 单层防渗结构

(b) HDPE膜和压实土壤的复合防渗结构

(c) HDPE膜和GCL的复合防渗结构

图 1.4　我国规范中垃圾填埋场单层防渗结构示意图[25]

防渗层应覆盖垃圾填埋场场底和四周边坡，形成完整、有效的防水屏障，并且能有效地阻止渗滤液透过，以保护地下水不受污染，具有相应的物理力学性能、抗化学腐蚀能力、抗老化能力。对防渗层材料厚度、质量等要求如表 1.3 所示。

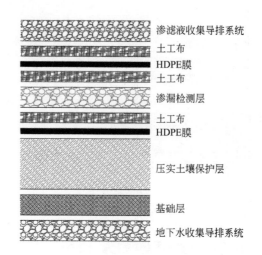

图 1.5 我国规范中垃圾填埋场双层防渗结构示意图[25]

表 1.3 我国规范规定的垃圾填埋场衬垫层组成[25]

防渗结构类型	防渗膜	土工布保护层	压实土壤保护层	其他
HDPE 膜单层防渗结构	HDPE 膜厚度不应小于 1.5mm	非织造土工布,规格不得小于 $600g/m^2$	渗透系数不得大于 $1 \times 10^{-7} m/s$,厚度不得小于 750mm	
HDPE 膜和压实土壤的复合防渗结构	HDPE 膜厚度不应小于 1.5mm	非织造土工布,规格不得小于 $600g/m^2$	渗透系数不得大于 $1 \times 10^{-9} m/s$,厚度不得小于 750mm	
HDPE 膜和 GCL 的复合防渗结构	HDPE 膜厚度不应小于 1.5mm	非织造土工布,规格不得小于 $600g/m^2$	渗透系数不得大于 $1 \times 10^{-7} m/s$	GCL 渗透系数不得大于 $5 \times 10^{-11} m/s$,规格不得低于 $4800g/m^2$
双层防渗结构	主防渗层和次防渗层均应采用 HDPE 膜,厚度不应小于 1.5mm;	主防渗层 HDPE 膜上应采用非织造土工布作为保护层,规格不得小于 $600g/m^2$,膜下宜采用非织造土工布作为保护层;次防渗层 HDPE 膜上宜采用非织造土工布作为保护层	HDPE 膜下应采用压实土壤作为保护层,压实土壤渗透系数不得大于 $1 \times 10^{-7} m/s$,厚度不宜小于 750mm	主防渗层和次防渗层之间的排水层宜采用复合土工排水网

从表 1.3 的规定来看,我国规范对黏土层的要求较为严格,防渗膜种类相对单一,只有对 HDPE 膜的相关规定表述。

在垃圾填埋过程中,垃圾是被分层、分块填埋,逐渐堆积到设计高度。垃圾填埋体由于其高压缩性和沉降变形,将对铺设在填埋场边坡上的衬垫层形成拖拽作用，在衬垫层中形成拉力，为了抵抗这种拉力，一般在边坡的顶端或分段边坡的分段处设置锚固区。根据地基岩土条件，一般采用沟槽锚固体系、胀栓锚固体系或预埋锁锚固体系。其中，沟槽锚固体系最为常用，通常将土工膜与土工布保护层边缘翻折在沟槽内，覆土或用水泥混凝土浇灌将其固定。垃圾填埋场边坡坡顶衬垫层锚固沟槽结构见图 1.6。锚固沟槽也是衬垫系统的重要组成部分，应提供足够的锚固能力，以保证衬垫层的整体稳定和防止拔出破坏。

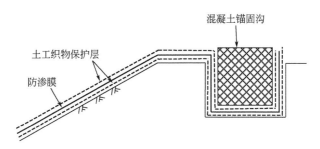

图 1.6   边坡坡顶衬垫层锚固沟槽结构示意图

1.3   垃圾填埋场衬垫系统受力特性研究现状

近年来，有关垃圾填埋场的问题日益受到国内外岩土工程界的重视。研究焦点主要集中在城市固体废物的强度特性[4,5,29-31]、填埋场的沉降[32-35]、边坡稳定性[36-43]、衬垫系统受力问题[44,45]等几个方面。

土工膜可以有效地防止渗滤液渗入地下水，因此土工膜的完整性对于填埋场的正常运行非常重要。但在实际填埋过程中，随着垃圾填埋高度的增加，使得土工膜内产生拉应力，为保证土工膜的完整性，需要防止土工膜产生过大的拉应力而发生破坏。由于土工膜防渗功能的重要性以及一旦破坏极难修复的特点，对衬垫系统受力问题的研究多集中在土工膜的受力问题上。

1.3.1   衬垫系统土工合成材料层受力计算的极限平衡法

对于垃圾填埋体自重压缩沉降引起的土工膜拉力，最初采用边坡稳定分析中的极限平衡法，利用土工膜上下界面的剪切应力来求解拉力[46]。Koerner 提出了一种基于材料间摩擦力极限平衡的计算方法[47]，如图 1.7 所示。边坡上的垃圾填埋体（三角形部分）与填埋场底部垃圾在分界面上受到的竖向摩擦力 T_w 由式（1.1）估算，假定土压力系数 $K_0 = 1 - \sin\phi$。

$$T_w = 0.5\gamma_t H^2 (1-\sin\phi)\tan\phi \qquad (1.1)$$

式中 γ_t——垃圾的单位重量；

ϕ——垃圾的摩擦角；

H——垃圾填埋体的高度。

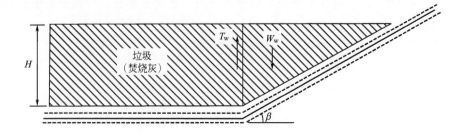

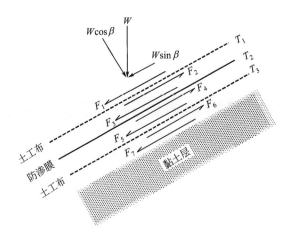

图 1.7   Koerner 方法[47] 中土工合成材料受力图示

根据边坡上垃圾填埋体的受力平衡，可以得出作用在衬垫层上的垂直力为：

$$W = W_w - T_w \qquad (1.2)$$

式中 W_w——斜坡上垃圾体的重量。

作用在衬垫层上的垂直力在上部土工布上表面产生摩擦力。由于材料之间界面的摩擦特性，该力的一部分通过摩擦传递给下面的土工膜。上部土工布上下表面摩擦力差值由上部土工布以拉力的形式承担。传递到土工膜上表面的摩擦力通过土工膜的变形传递到下部的土工布，土工膜上下表面摩擦力差值也由土工膜承担。以此类推，摩擦力依次传递到下部土工布，剩余的摩擦力最终传递到下部土工布下面的边坡上。

因此，上部土工布、土工膜和下部土工布所承受的拉力 T_1、T_2 和 T_3，可计算如下。

$$F_1 = \mu_1 W \cos\beta \qquad (1.3)$$

$$F_2 = \mu_2 W \cos\beta \qquad (1.4)$$

$$F_3 = F_2 \qquad (1.5)$$

$$F_4 = \mu_3 W \cos\beta \qquad (1.6)$$

$$F_5 = F_4 \qquad (1.7)$$

$$F_6 = \mu_4 W \cos\beta \qquad (1.8)$$

$$F_7 = F_6 \qquad (1.9)$$

$$T_1 = F_1 - F_2 \qquad (1.10)$$

$$T_2 = F_3 - F_4 \qquad (1.11)$$

$$T_3 = F_5 - F_6 \qquad (1.12)$$

式中　β——坡角；

μ_1——垃圾与上部土工布之间的峰值摩擦系数；

μ_2——上部土工布与土工膜之间的峰值摩擦系数；

μ_3——土工膜与下部土工布之间的峰值摩擦系数；

μ_4——下部土工布和边坡基础之间的峰值摩擦系数。

Koerner 方法基于上述传统的极限平衡理论，然而 Imaizumi 等进行的四层直剪试验[48] 表明，仅考虑界面处的峰值摩擦阻力不能准确估算土工合成材料中的最大拉力。许四法等[49] 提出了考虑土压力作用于坡脚垂直面的力平衡方法，该方法考虑当填埋场底部垃圾在填埋作业车辆作用下被压实并向斜坡底端挤压时，将受到被动土压力的抵抗，计算衬垫层受力必须考虑到这种阻力。计算模型如图 1.8 所示，根据边坡上垃圾体的受力平衡条件，可建立式(1.13)~式(1.15)。

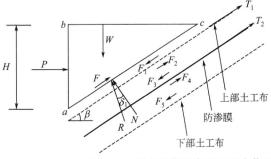
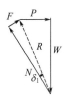

图 1.8　考虑坡脚垂直面土压力作用的计算模型[49]

$$P + F \cos\beta = N \sin\beta \qquad (1.13)$$

$$N \cos\beta + F \sin\beta = W \qquad (1.14)$$

$$F = N \tan\delta_1 \qquad\qquad (1.15)$$

式中　W——垃圾重量；

　　　P——土压力；

　　　N——边坡法向应力；

　　　β——边坡角；

　　　F——摩擦力；

　$\tan\delta_1$——摩擦系数。

式（1.13）～式（1.15）中，已知 W 和 β 的值，但不知道 N、F 和 P 的值，特别是 F 的值与相对位移有关。摩擦力 F 的确定方法如下。

① 土压力 P 采用静止土压力 P_0，静止土压力系数 $K_0 = 1 - \sin\phi$，这里 ϕ 为垃圾的内摩擦角。因此，土压力可以计算为：

$$P = P_0 = \frac{1}{2}\gamma_t H^2 K_0 = \frac{1}{2}\gamma_t H^2(1 - \sin\phi) \qquad\qquad (1.16)$$

② 根据式（1.13）～式（1.15），摩擦系数 $\tan\delta_1$ 和法向应力可由式（1.17）和式（1.18）计算：

$$\tan\delta_1 = \frac{W\sin\beta - P_0\cos\beta}{P_0\sin\beta + W\cos\beta} \qquad\qquad (1.17)$$

$$N = P_0\sin\beta + W\cos\beta \qquad\qquad (1.18)$$

③ 如果由上式得出的摩擦力 F 小于直接剪切试验获得的摩擦力，则计算时将使用摩擦力 F。

④ 如果由上述方程得出的摩擦力 F 大于直接剪切试验获得的摩擦力，则土压力 P 将作为未知值，并使用最大摩擦力。法向应力 N 和土压力 P 可通过式（1.19）和式（1.20）计算。

$$N = \frac{W}{\tan\delta_{1m}\sin\beta + \cos\beta} \qquad\qquad (1.19)$$

$$P = \frac{W(\sin\beta - \tan\delta_{1m}\cos\beta)}{\tan\delta_{1m}\sin\beta + \cos\beta} \qquad\qquad (1.20)$$

当按上述方法计算得到摩擦力 F 后，可以确定作用在上部土工布上的摩擦力 F_1，因为其等于产生的摩擦力 F。然后假设土工合成材料为刚性材料，利用式（1.21）～式（1.25）可以计算上部土工布和防渗膜的拉力。

$$F_2 = N\mu_2 \qquad\qquad (1.21)$$

$$F_3 = F_2 \qquad\qquad (1.22)$$

$$F_4 = N\mu_3 \qquad\qquad (1.23)$$

$$T_1 = F_1 - F_2 \tag{1.24}$$

$$T_2 = F_3 - F_4 = N(\mu_2 - \mu_3) \tag{1.25}$$

在极限平衡法中，假设土工膜界面处于临界受力状态，此方法忽略了土工膜界面的应力应变关系，由于土工膜界面可能为应变软化型，随着剪切位移的增加，剪应力经历先增大到峰值强度然后又逐渐减小到残余强度的过程。所以，极限平衡法无法分析土工膜内拉应力的逐渐形成过程。

1.3.2 衬垫系统受力特性的试验研究

Koerner 等[47] 对由土工织物、土工膜以及 GCL 组成的填埋场覆盖层进行了现场试验，结果表明材料含水量过大会导致衬垫系统界面发生滑移。Villard 等[50] 通过现场试验研究了碎石导排层施工过程中以及后期填埋过程中土工膜拉力的变化，监测了衬垫系统内材料间界面的滑移。衬垫系统材料包括碎石导排层、土工膜、土工布、黏土层。Palmeira 等[51] 通过小型斜坡试验研究了多层衬垫系统内部的剪力传递，结果表明衬垫层内剪力和位移是一个逐渐形成的过程，土工合成材料的刚度和界面强度影响剪力和位移的分布，得出了外部剪力与界面滑移的关系。

Kanou 等[10] 在日本栃木县的芳贺町进行了垃圾填埋场现场试验。填埋场边坡高 5m、坡度 1∶1.5、宽 40m，采用现场的黏土作为保护性土层和模拟垃圾，以每天 50cm 的速度填埋压实至 5m 高，过程中测量了上部土工布保护层和防渗膜固定端的拉力。本书对此试验进行了有限元数值模拟，将在第 6 章中介绍。

对于垃圾填埋场衬垫系统土工合成材料层中产生的拉力，Xu 和 Imaizumi[49,52,53] 进行了一系列模型试验，评估了填埋场边坡坡度对土工合成材料拉力的影响。模型斜坡建在一个长 800mm、宽 200mm、深 400mm 的试验容器中，边坡由石膏做成，倾角在 26.6°～90° 之间变化，采用黏土模拟垃圾填埋体。研究结果表明，各土工合成材料层固定端的拉力随着坡度的增加而减小，垂直坡度时有所增加。

施建勇、钱学德等[54-56] 利用叠环式单剪仪，对复合衬垫进行了整体剪切试验研究，重点讨论了复合衬垫整体单剪试验的应力-位移曲线、相同剪切应力下各个界面的位移大小与变化特征和强度特性。对拉拔、直剪、单剪等不同试验方法进行了对比研究[57]。林伟岸等[58] 设计了大型斜坡模型试验装置，开展了复合衬垫系统内部剪力传递机理的研究。该装置通过砂袋加载模拟填埋过程，采用手拉葫芦控制滑移，再现了土工膜/土工织物界面的渐进累积破坏过程。试验结果表明：当外部剪力小于峰值强度时，界面不会进入残余状态；但当外部剪力超过界面峰值强度时，界面就会逐渐进入残余状态并最终达到残余强度。

徐光明等[59] 开展了条带拉伸试验和土工离心模型试验，结果表明土工膜受损部位的拉伸变形十分明显并接近断裂，说明损伤对土工膜的实际工作性状有很大影响。彭功勋等[60] 用离心试验法模拟了填埋体的沉降和边坡土工膜的应力应变状态，并将其与有限元计算结果进行了对比。结果表明，离心试验方法可以定性地描述出垃圾填埋场现场的状况，边坡土工膜存在初始损伤的情况下发生的应力集中是导致其受拉破坏的主要原因。施建勇等[61] 通过填埋场离心模型试验，探讨了填埋场中垃圾填埋体的变形分布规律和土工膜的受力特征。陈继东等[62] 通过离心模型试验研究和有限元计算，模拟了垃圾填埋场中填埋垃圾大变形条件下土工膜的变形性状，结果表明土工膜中最大拉应力靠近坡肩，考虑到土工膜的抗拉安全，建议最大设计坡长应加以控制。

林伟岸、张宏伟等[63,64] 以土工膜为研究对象，从单层衬垫入手对衬垫系统的受力状况进行了离心模型试验和数值模拟研究。试验采用模型垃圾土，加工了模型土工膜和相应的试验装置，研究了斜坡坡度、界面强度形式和垃圾土压缩性对土工膜受力状况的影响。结果表明斜坡上土工膜存在中性点，以中性点为界，土工膜可分为受拉区和受压区；坡度和沉降是影响土工膜拉力发展的重要因素，坡度或沉降越大，拉力越大；当土工膜上表面光滑、下表面粗糙时，外部作用力很难向土工膜下界面传递，使得土工膜锚固端拉力几乎为零。

由于实际工程中衬垫系统的荷载条件非常复杂，对于垃圾填埋体自重压缩沉降以外的因素引起的土工膜受力问题，越来越受到研究者的重视。例如，邓学晶和孔宪京等[65] 学者对地震荷载作用下土工膜的拉力进行了试验研究。

1.3.3　衬垫系统受力特性的理论和数值研究

Kodikara[66] 采用理想弹塑性模型描述土工膜界面的应力应变关系，推导出了土工膜的位移-拉力微分方程，并对土工膜所受的最大拉力进行了分析；张鹏等[67,68] 采用双曲线模型描述土工膜界面的应力应变关系，推导了填埋场边坡上土工膜的拉力微分控制方程，并通过有限差分法进行数值求解，对其中的主要参数进行了分析。林伟岸等[69]、冯世进等[70] 考虑土工膜与黏土界面的应变软化特性，建立了土工膜拉应力平衡方程，获得了拉应力解析解。将土工膜与黏土界面的剪应力-位移关系曲线分为弹性、软化和残余强度三阶段，采用三阶段弹塑性模型来描述土工膜与黏土界面的剪切变形特性，推导出了界面处于弹性、软化和残余强度三阶段时土工膜位移-拉力的微分控制方程，求解了土工膜所受拉力，分析了填埋高度和坡度等的变化对土工膜所受拉力的影响。

Reddy 等[71] 进行了有限元分析以评估典型填埋场衬垫系统界面上的剪切位移与城市固体垃圾自重荷载的关系。采用莫尔-库仑破坏准则来表示填埋垃圾的抗剪强度。假设垃圾在底部复合衬垫层和边坡复合衬垫层上同步水平填埋，在每个填埋单元内部填埋垃圾保持 1：3 的坡面。结果表明，界面剪切刚度对复合材料衬垫界面的摩擦应力分布影响不大，但界面剪切位移受界面剪切刚度的影响较大。在其他因素不变的情况下，垃圾填埋体刚度是决定复合材料衬垫层界面摩擦应力和剪切位移分布的主要因素。传统极限平衡分析方法不能分析这方面的复合材料衬垫层界面行为。

Villard 等[50] 对边坡衬垫系统在砾石排水层作用下的力学响应进行了有限元分析。该衬垫系统包括土工合成材料和岩土材料。研究采用两节点杆单元离散衬垫系统各材料层；采用三节点三角形单元模拟黏土衬垫层和颗粒材料。衬垫系统及保护层的各层材料通过接触单元相互连接，界面节点之间允许发生较大的相对位移。结果表明，土工膜中的力取决于土工膜两侧摩擦角的差异和各层土工合成材料的刚度。界面和各材料层的相对剪切刚度影响界面的相对位移，从而导致各层拉力的显著变化。遗憾的是，这项工作没有进一步对垃圾填埋过程中的变化进行研究，也不清楚其有限元模型能否用于评价土工合成材料因为垃圾体沉降产生的拉力。

小竹望等[72] 进行了非线性弹塑性有限元分析，以模拟海面填埋场斜坡上衬垫层材料的相互作用特性。假定土工合成材料只有拉伸刚度，将斜坡材料与衬垫系统中所用土工材料的界面模型视为完全弹性塑性，服从莫尔-库仑破坏准则。得出的结论是，土工合成材料中产生的拉应力在弹性范围内，衬垫系统及其土工合成材料层对于产生的拉应力水平是安全的。

Jones 和 Dixon[73] 进行了有限元分析以评估填埋场衬垫系统在垃圾体沉降过程中的稳定性和完整性。提出了一种衬垫系统界面应变软化模型，建立了垃圾的弹塑性本构模型，采用莫尔-库仑破坏准则。假设界面处于零孔隙水压力的排水状态。结果表明，传统的极限平衡方法不能用来评估局部破坏，因为在实际填埋场衬垫系统中，土工合成材料之间的界面破坏并不完全。遗憾的是，此研究并未给出衬垫层各组成材料层的拉力。

Fowmes 等[74] 利用有限差分模型分析了东南亚某垃圾填埋场陡壁边坡上衬垫层中土工膜应力过大丧失功能的机制。该模型综合考虑了界面的应变依赖剪切强度、土工膜轴向应变、分段施工以及垃圾填埋体的非线性剪切行为。结果表明，土工膜在垃圾沉降过程中可能会受到比屈服应力更大的应力，土工布保护层产生的过大应变可能导致其破损丧失保护功能，当垃圾体压缩时，最大轴向拉伸应变发生在锚固体下方。Fowmes 等[75] 还采用 FLAC 模拟了衬垫系统界面强度软化特性，并与试验进行了对比验证。

李束[76] 采用 PLAXIS 有限元分析软件，对软土地基填埋场的沉降做出了数值模拟，并对填埋场底部防渗系统受到的轴力和剪力进行了计算。计算得出示例填埋场库区地基的最大沉降为 3.47m，最大差异沉降为 1.31m，防渗膜的最大延伸率为 437%。在此有限元模型中复合衬垫系统被模拟为等效梁单元，给其趋近于零的刚度，只考虑其变形。然而，实际上复合衬垫系统由多层土工合成材料组成，各层材料受力情况较为复杂，将其整体简化为等效梁单元不能反映各层材料的真实受力状况。

Qian 等[77] 根据衬垫层变形前后位置的几何关系给出了不均匀沉降条件下拉伸变形的计算方法，在其他文献中一般被称为常规计算方法。此方法假定衬垫层的拉伸变形在其计算长度范围内是均匀的。然而，实际上复合衬垫系统由于内部各层材料界面间的剪力传递作用，拉伸应变的分布是非均匀的[78]。采用常规方法计算可能低估某些应变相对集中位置的最大应变值。陈云敏等[16] 建立了复合衬垫系统下卧土体局部沉陷条件下的受力变形分析模型，并以衬垫系统的最大拉应变作为控制标准，建立了工程上衬垫系统的抗沉陷设计方法。另外，许多学者对垃圾填埋场稳定性进行了大量研究[11,36,41,79-89]，在这些研究中也有涉及衬垫系统力学特性方面内容。

垃圾填埋场衬垫系统土工合成材料界面的力学特性影响因素多，较为复杂，在数值计算中，针对不同特点的界面采用与之相适应且能够准确模拟界面应力应变关系的本构模型是保证计算可靠性的关键。本书针对存在应变软化特性的土工合成材料界面，提出了一种本构新模型。与此相关的研究现状以及新模型的构建过程一并在第 2 章叙述。

由于衬垫系统材料组成多样，直接研究有很大难度，上述一部分研究为了简化分析过程，假设垃圾填埋体产生的正应力和剪应力直接作用在土工膜上，将土工膜上的所有荷载作为整体考虑。对于由一层土工膜加土工布组成的衬垫构造，考虑到土工膜上下部土工布与垃圾填埋体或地基之间的内摩擦角一般大于与土工膜间的内摩擦角，这样的假定是合理的。但是对于包含土工栅格、GCL 等其他土工合成材料层或采用两层土工膜的复合衬垫系统，这样的假定显然是不适合的。几种土工合成材料间界面的摩擦特性各异，必然使得各层的变形和受力变得复杂，需要详细了解摩擦应力在各个界面间的形成状况以及通过材料的变形向下部界面传递的规律。

另外，实际工程中衬垫系统的荷载条件非常复杂，在垃圾填埋场衬垫系统设计中，为避免土工合成材料层的撕裂破坏以及合理设定锚固端承载力，需要明确土工合成材料层内应力分布以及在锚固端的拉力大小，因此有必要对此展开更为深入细致的研究。

1.4　本书研究内容与方法

本书通过模型试验结合有限元方法，研究了由多层土工合成材料组成的复合衬垫系统在外部剪力作用下的剪力传递过程以及在垃圾填埋体自重、填埋作业车辆作用下的受力状况[90-94]，探讨了各种因素，如边坡坡度、土工合成材料的刚度和填埋作业车辆位置对土工合成材料层锚固端拉力的影响。

填埋场衬垫系统内衬垫层与垃圾土界面以及各衬垫层之间界面的一个显著的力学特性是应变软化特性，即相对位移达到一定程度以后摩擦应力降低。由于衬垫层应力与其上下两个界面的摩擦应力直接相关，有限元模型的接触单元能否真实地反映界面的应变软化特性，是保证计算结果可信度的关键点之一。因此，首先针对部分土工合成材料界面存在的应变软化特性，提出了一种新的本构模型。以剪应力峰值为分界点，将剪应力-剪切位移曲线前后两部分分别进行模拟。剪应力峰值前，采用 Clough-Duncan 双曲线模型进行模拟；剪应力峰值后的应变软化阶段，以剪应力峰值为原点，用另外一条倒置的双曲线进行模拟。通过系统的公式推导描述了模型的构建过程，给出了应变软化阶段界面剪切刚度计算表达式以及用于有限元程序的代码。然后介绍了本研究中采用的有限元法以及材料参数的确定方法。

复合衬垫系统内各衬垫层材料的力学特性各异，在受力变形的情况下可能发生相对滑动，使得各衬垫层的受力相互影响，较为复杂。因此本书接着应用有限元法模拟了四层土工合成材料（砂土）直剪试验，评价了上部摩擦应力作用下多层土工合成材料衬垫系统的性能。采用有限元参数分析法，通过改变试样长度、刚度和土工膜厚度，研究了不同因素对锚固端拉力和摩擦应力分布的影响。探明了多层土工合成材料衬垫试样各层之间界面摩擦应力发生、发展，以及各层轴向拉应力形成的过程。

为研究垃圾填埋场衬垫系统在垃圾填埋体作用下的受力状况，对边坡坡度由 1:2.0 变为 1:0.5 的填埋场模型进行了离心试验和有限元分析。在有限元分析的基础上，讨论了实际土工合成材料用于离心试验时对结果的影响程度。通过离心模型试验和有限元分析，研究了填埋作业车辆重量对土工合成材料层锚固端拉力的影响。采用有限元方法对现场试验进行了分析，研究了填埋作业车辆位置对土工合成材料层拉力的影响。对采用双层防渗膜的衬垫结构进行了有限元计算，并与单层防渗膜衬垫系统就受力状况进行了对比分析。最后对垃圾填埋场衬垫层锚固结构的受力特性进行了分析，提出了一种衬垫层新型锚固结构，并对其开展了模型试验研究。

因为卫生填埋是目前最常用的垃圾处理技术，随着经济的发展和城市化水平的提高，可以预见，不仅是大城市，越来越多的中小城市也迫切需要修建垃圾卫生填埋场。在填埋场中，衬垫系统一旦发生破坏，将造成周边地基和地下水的污染，衬垫层的修复和污染的治理也都极为不易，将会造成很大的经济损失。随着社会的发展，环境保护、绿色健康生活等理念更加深入人心，填埋场的安全性问题也受到越来越多的关注。本书研究成果有助于提高垃圾填埋场衬垫系统设计的安全性与经济性，降低填埋场造成污染的风险，使垃圾填埋场切实起到保护环境的作用，保障人民群众的身体健康。

2 土工合成材料界面应变软化特性的一种本构新模型

2.1 概述

　　土工合成材料界面，包括土工合成材料与土、砂等材料间的界面以及不同种土工合成材料之间的界面，是垃圾填埋场防渗衬垫系统中的主要功能部位或薄弱部位，在数值分析中，其力学行为特性必须被准确地模拟才能保证分析的可靠性。应变软化特性是一些土工合成材料界面具有的显著力学特性之一，许多有关土工合成材料界面的常规剪切试验[57,95] 以及大型剪切试验[58] 的研究中都强调了这一特性。图 2.1 给出了一个糙面土工膜与土工布间界面应变软化现象的典型示例[73,96]。从图中可以看到，随着剪切位移的发生界面剪应力沿曲线上升并在一定位移处达到

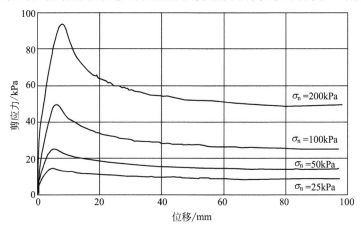

图 2.1　直剪试验结果示例[73]

峰值，然后随着剪切位移的继续增大，剪应力反而下降并最终趋近于一定的残余强度值。

在与土工合成材料界面有关的数值分析中，很多学者根据试验资料，针对应变软化特性提出了不同的计算模型。Esterhuizen 等[97] 提出了峰值剪切强度包络线、残余剪切强度包络线都采用双曲线表示的位移软化模型。此外定义了无量纲量：残余系数与位移比，二者关系也采用双曲线表示。该方法通过系统的公式建立了位移软化模型，但参数过多，计算复杂，在实际数值计算中应用不便。

Jones 和 Dixon[73,96] 利用传统的摩尔-库仑理论，定义摩擦角和黏聚力为总剪切位移的函数，随着剪切位移的变化而变化，最终剪切应力-剪切位移关系被简化为多段折线形式，如图 2.2 所示。利用这种方法，可根据不同正应力条件下试验结果，计算出摩擦角随位移的分布。然后，通过计算摩擦角与位移包络线的数值平均

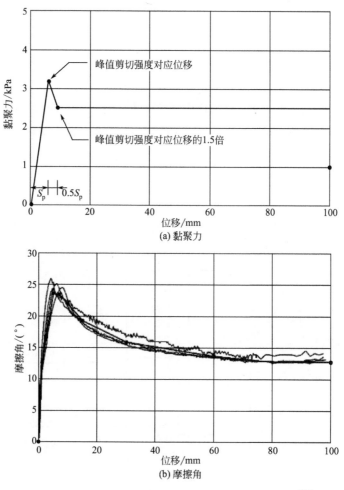

图 2.2 Jones 和 Dixon 模型中界面参数随位移的变化[73]

值，将分布曲线划分为一系列线性部分来实现"最佳拟合"，从而使问题得以简化。高丽亚[89] 对此模型进行了改进：在应变软化之前，黏聚力和摩擦角保持在峰值不变，当界面上某点的剪切位移超过峰值对应的剪切位移时，界面的剪应力定义为塑性剪切位移（从应变软化发生开始算起的剪切位移）的函数，即将界面的软化特征用塑性剪切位移来表示。

徐超等[98] 根据 HDPE 土工膜与砂土界面直剪试验成果，假定黏聚力为零，将抗剪强度作为剪切位移的函数，模拟了界面抗剪强度的应变软化特性，并完成了程序实现。张鹏等[67] 根据拉拔试验的结果，提出了剪应力-位移关系的三阶段弹塑性模型，峰值前用双曲线模拟，峰值后用下降段直线和水平直线模拟。林伟岸等[69] 将界面应力状态也分为三个阶段，每阶段内剪应力-位移关系都用直线模拟。

土工合成材料界面的力学特性因为材料种类、制造工艺、应力状态、环境条件等的不同有很大的差异，即使表现出应变软化特性的界面，其剪应力-相对位移关系也在显著程度等方面存在很大的不同。因此，在数值计算中，针对不同特点的界面采用与之相适应的、能够准确模拟界面应力应变关系的本构模型是保证计算精度的关键。本章根据一部分土工合成材料界面剪应力位移曲线特点，提出了一种新的应变软化特性本构模型，并给出了界面剪切刚度计算表达式以实现其在数值计算中的应用[94]。

2.2 模型描述

对于应变软化现象不明显的土工合成材料界面，若忽略应变软化现象，界面应力应变关系通常采用 Clough-Duncan 双曲线模型[99] 模拟，其峰值后应力应变关系简单地用水平直线代替。本书考虑界面的应变软化特性，以剪应力峰值对应剪切位移为分界点，将剪应力-剪切位移曲线前后两部分分别处理，如图 2.3 所示。在剪应力达到峰值之前，剪应力-剪切位移关系依然采用经典的 Clough-Duncan 双曲线模型模拟。剪应力达到峰值之后，也就是界面应变软化阶段的剪应力-剪切位移关系，以剪应力峰值为原点，用另外一条倒置的双曲线进行模拟。整个模型表达式的推导如下所述。

2.2.1 剪应力峰值前阶段

为完整呈现界面整体模型所有参数的确定过程，首先将剪应力峰值前阶段采用的 Clough-Duncan 双曲线模型[99] 介绍如下。

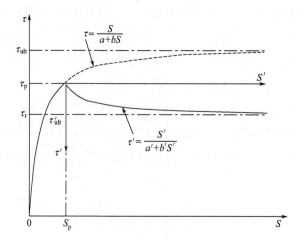

图 2.3　界面本构模型示意图

在达到峰值剪应力之前，剪应力-剪切位移关系用双曲线模拟，公式表达为：

$$\tau = \frac{S}{a + bS} \tag{2.1}$$

式中　τ——材料间剪应力；

　　　S——剪切位移；

a、b——系数，可以通过拟合常规直剪试验数据确定。

对式(2.1) 两边分别取微分，可得：

$$\frac{\partial \tau}{\partial S} = \frac{a}{(a+bS)^2} = \frac{1}{a+bS} - \frac{bS}{(a+bS)^2} \tag{2.2}$$

初始剪切刚度 E_i 可以表达为：

$$E_i = \lim_{S \to 0} \frac{\partial \tau}{\partial S} = \frac{1}{a} \tag{2.3}$$

双曲线的渐近线极值 τ_{ult} 可表达为：

$$\tau_{ult} = \lim_{S \to \infty} \tau = \frac{1}{b} \tag{2.4}$$

将 $a = \dfrac{1}{E_i}$ 与 $b = \dfrac{1}{\tau_{ult}}$ 代入式(2.1) 可得：

$$\tau = \frac{S}{\dfrac{1}{E_i} + \dfrac{S}{\tau_{ult}}} \tag{2.5}$$

因为常规直剪试验中剪应力达到峰值后不再继续增加，所以剪应力峰值小于双曲线的渐近线极值，两者之间的比值定义为破坏比 R_f。

$$R_f = \frac{\tau_p}{\tau_{ult}} \qquad (2.6)$$

将 $\tau_p = R_f \tau_{ult}$ 代入式 (2.5) 得:

$$\tau = \frac{S}{\dfrac{1}{E_i} + \dfrac{R_f S}{\tau_p}} \qquad (2.7)$$

式 (2.7) 两边分别对 S 取微分，可得界面剪切刚度:

$$K_{st} = \frac{\partial \tau}{\partial S} = \frac{\dfrac{1}{E_i}}{\left(\dfrac{1}{E_i} + \dfrac{R_f S}{\tau_p}\right)^2} \qquad (2.8)$$

式 (2.7) 可变形为:

$$S = \frac{\tau}{E_i \left(1 - \dfrac{\tau}{\tau_p} R_f\right)} \qquad (2.9)$$

代入式 (2.8) 得:

$$K_{st} = \left(1 - R_f \frac{\tau}{\tau_p}\right)^2 E_i \qquad (2.10)$$

对界面峰值剪切强度应用库仑破坏准则，则峰值剪应力与对应的正应力之间的关系可表示为:

$$\tau_p = c_p + \sigma_n \tan\phi_p \qquad (2.11)$$

式中　c_p、ϕ_p——界面峰值剪切强度对应的黏聚力和内摩擦角。

将式 (2.11) 代入式 (2.10) 得:

$$K_{st} = \left(1 - R_f \frac{\tau}{c_p + \sigma_n \tan\phi_p}\right)^2 E_i \qquad (2.12)$$

初始剪切刚度与正应力的关系为:

$$E_i = k\gamma_W \left(\frac{\sigma_n}{P_a}\right)^n \qquad (2.13)$$

式中　γ_W——水的单位容重;

　　　P_a——标准大气压力;

　　k、n——系数，可由不同正应力下的试验结果确定。

将式(2.13)代入式(2.12)，可得剪应力峰值前任意正应力条件下的剪切刚度：

$$K_{st} = \left(1 - R_f \frac{\tau}{c_p + \sigma_n \tan\phi_p}\right)^2 k\gamma_W \left(\frac{\sigma_n}{P_a}\right)^n \qquad (2.14)$$

将式(2.11)、式(2.13)代入式(2.9)，得剪应力峰值（$\tau = \tau_p$）对应的剪切位移：

$$S_p = \frac{c_p + \tan\phi_p \sigma_n}{(1 - R_f)k\gamma_W(\sigma_n/P_a)^n} \qquad (2.15)$$

2.2.2 应变软化阶段

为模拟剪应力峰值后即应变软化阶段的剪应力-剪切位移关系，定义局部坐标系 S'-τ'，如图2.3所示，原点对应 S-τ 坐标系中的点（S_p, τ_p）。局部坐标与总体坐标的关系为：

$$\tau' = \tau_p - \tau \qquad (2.16)$$

$$S' = S - S_p \qquad (2.17)$$

在局部坐标系 S'-τ' 中，用双曲线模拟应变软化阶段的剪应力-剪切位移关系，可表达为：

$$\tau' = \frac{S'}{a' + b'S'} \qquad (2.18)$$

式中　τ'、S'——局部坐标系下的剪应力与剪切位移；

　　　a'、b'——系数，可由试验值拟合得到。

应用式(2.17)关系，式(2.18)可变换为：

$$\tau = \tau_p - \frac{S - S_p}{a' + b'(S - S_p)} \qquad (2.19)$$

对式(2.19)两侧进行微分可得应变软化阶段得界面剪切刚度：

$$K_{st} = \frac{\partial\tau}{\partial S} = \frac{a'}{[a' + b'(S - S_p)]^2} \qquad (2.20)$$

应变软化阶段的初始剪切刚度为：

$$E_i' = \lim_{S \to S_p} \frac{\partial\tau}{\partial S} = -\frac{1}{a'} \qquad (2.21)$$

式(2.19)可改写为：

$$S = \frac{(\tau_p - \tau)a'}{1 - b'(\tau_p - \tau)} + S_p \qquad (2.22)$$

将 $a'=-1/E_i'$ 与式（2.22）代入式（2.20），应变软化阶段界面剪切刚度可表达为：

$$K_{st}=[1-b'(\tau_p-\tau)]^2 E_i' \tag{2.23}$$

根据式（2.18），双曲线的渐近线极值为：

$$\tau_{ult}'=\lim_{S'\to\infty}\tau'=\frac{1}{b'} \tag{2.24}$$

土工合成材料界面应变软化阶段，剪应力与之前在峰值点发生转折不同，基本上一直平滑下降，并最终接近一定的残余剪应力值。因此，如图2.3所示，残余剪应力可表示为：

$$\tau_r=\tau_p-\tau_{ult}' \tag{2.25}$$

对残余剪应力与正应力之间的关系应用库仑破坏准则，可以写为：

$$\tau_r=c_r+\sigma_n\tan\phi_r \tag{2.26}$$

式中 c_r、ϕ_r——残余剪应力对应的黏聚力和内摩擦角。

将式（2.9）、式（2.24）、式（2.26）代入式（2.25）并整理可得：

$$\frac{1}{b'}(c_p-c_r)+(\tan\phi_p-\tan\phi_r)\sigma_n \tag{2.27}$$

(c_p-c_r) 与 $(\tan\phi_p-\tan\phi_r)$ 可通过 $(\sigma_n, 1/b')$ 点值的线性回归求得。c_p、ϕ_p 值在前面已确定，所以这里可以算得 c_r、ϕ_r 值。

对于应变软化阶段的初始剪切刚度与正应力间的关系，采用与剪应力峰值前阶段相同模式，即式（2.13）模式，可表达为：

$$E_i'=k'\gamma_W\left(\frac{\sigma_n}{P_a}\right)^{n'} \tag{2.28}$$

式中 k'、n'——系数，可由试验值确定。

将式（2.11）、式（2.27）、式（2.28）代入式（2.23），可得应变软化阶段剪切刚度表达式：

$$K_{st}=\left[1-\frac{(c_p+\tan\phi_p\sigma_n-\tau)}{(c_p-c_r)+(\tan\phi_p-\tan\phi_r)\sigma_n}\right]^2 k'\gamma_W\left(\frac{\sigma_n}{P_a}\right)^{n'} \tag{2.29}$$

2.2.3 界面整体剪切刚度

综上所述推导，界面剪切刚度以峰值剪应力对应剪切位移 S_p 为分界点，前后部分可用不同公式表达如下。

$$
\left.\begin{array}{l}
S_p = \dfrac{c_p + \tan\phi_p\sigma_n}{(1-R_f)k\gamma_W(\sigma_n/P_a)^n} \\[2mm]
\text{当 } S \leqslant S_p: \\[2mm]
K_{st} = \left(1 - R_f\dfrac{\tau}{c_p + \sigma_n\tan\phi_p}\right)^2 k\gamma_W\left(\dfrac{\sigma_n}{P_a}\right)^n \\[2mm]
\text{当 } S > S_p: \\[2mm]
K_{st} = \left[1 - \dfrac{(c_p + \tan\phi_p\sigma_n - \tau)}{(c_p - c_r) + (\tan\phi_p - \tan\phi_r)\sigma_n}\right]^2 k'\gamma_W\left(\dfrac{\sigma_n}{P_a}\right)^{n'}
\end{array}\right\} \quad (2.30)
$$

2.3 模型参数确定方法

峰值剪应力前阶段模型参数 k、n、R_f、c_p、ϕ_p 确定方法见附录 I，界面应变软化阶段的剪切位移-剪应力关系，需 4 个参数：k'、n'、c_r、ϕ_r，确定步骤如下。

① 针对每一正压力下的剪切位移-剪应力曲线，如图 2.3 所示，以峰值剪应力点为原点，建立局部坐标系，计算应变软化阶段曲线的局部坐标值。根据式(2.18)，对曲线各点的 $(S',S'/\tau')$ 值进行线性回归计算，确定各正压力下的 a'、b' 值。

② 根据式(2.27)，对各正压力下的 $(\sigma_n, 1/b')$ 值进行线性回归，确定 c_r、ϕ_r 值(此时 c_p、ϕ_p 值为已知)。

③ 对式(2.28)两侧取对数，并将式(2.21)代入得：$\ln\left(-\dfrac{1}{a'\gamma_W}\right) = \ln k' + n'\ln\left(\dfrac{\sigma_n}{P_a}\right)$，对各正压力下的 $\left[\ln\left(-\dfrac{1}{a'\gamma_W}\right), \ln\left(\dfrac{\sigma_n}{P_a}\right)\right]$ 值进行线性回归计算，确定 k'、n' 值。

2.4 模型初步验证

为初步验证本章所提出的模型对试验值的拟合结果，对图 2.1 所示的糙面土工膜/土工布界面直剪试验结果进行了模拟。整个界面模型的参数值列于表 2.1。利用确定的模型参数值，计算了四个正压力下剪切位移与剪应力的模型函数值。峰值剪应力点的计算结果与试验结果对比列于表 2.2。由表中数值可知，峰值剪应力点的模型计算值非常接近试验值，表明模型可以较精确地模拟界面应力应变关系变化的关键点。

表 2.1 界面模型参数值

参数	k	n	R_f	c_p/kPa	ϕ_p/(°)	k'	n'	c_r/kPa	ϕ_r/(°)
计算值	3208.04	0.68	0.75	3.19	24.62	−244.89	1.33	1.18	11.97

表 2.2 文献[73]中界面直剪试验峰值剪应力点的计算结果

界面正压力/kPa	峰值剪应力对应剪切位移/mm		峰值剪应力/kPa	
	文献试验值	模型计算值	文献试验值	模型计算值
25	4.01	4.77	14.50	14.64
50	4.59	5.31	25.50	26.02
100	5.73	6.23	50.20	48.96
200	8.03	7.53	94.42	94.43

　　剪应力与剪切位移关系的试验值与本构模型模拟值对比绘于图 2.4。由图可见，本模型用一套参数值很好地模拟了各正压力下应变软化阶段的剪切位移-剪应力关系。因此，可以预期，在数值计算中应用本书模型的界面剪切刚度表达式可以充分地反映材料间界面的应变软化特性。

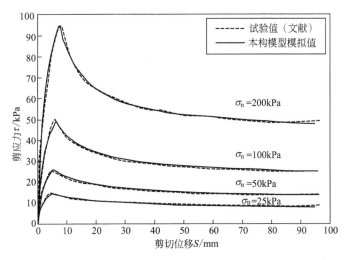

图 2.4 文献[73]中界面直剪试验结果与模型模拟结果的比较

2.5 小结

　　在垃圾填埋场衬垫系统的数值研究中，根据土工合成材料界面的力学特性，构建合理有效的本构模型是提高数值计算可靠性的关键。针对部分土工合成材料界面存在的应变软化特性，提出了一种新的本构模型。以剪应力峰值为分界点，将剪应力-剪切位移曲线前后两部分分别进行模拟。剪应力峰值前，采用 Clough-Duncan 双曲线模型进行模拟；剪应力峰值后的应变软化阶段，以剪应力峰值为原点，用另外一条倒置的双曲线进行模拟。通过系统的公式推导描述了模型的构建过程，给出了应变软化阶段界面剪切刚度计算表达式。最后，通过对界面直剪试验结果的模拟初步验证了模型的拟合能力。本模型沿用双曲线模拟的思路，易于理解，参数相对简单，意义明确，可根据常规直剪试验数据通过数学拟合计算获得。

3 有限元分析中材料本构关系及参数确定

3.1 概述

有限元法是研究各种复杂条件下垃圾填埋场衬垫系统力学特性的有效方法之一。模型试验中，除土工膜外其他土工合成材料层（如土工布等）由于表面特性原因无法粘贴应变片，因此无法获得实测应力值。另外，各衬垫层间界面的摩擦应力分布也无法在试验中测得。但有限元程序能给出各土工合成材料层的应力应变分布以及各层间界面的相对位移、摩擦应力分布等计算结果，补充试验实测值的缺项。另一方面，模型试验的实测结果可以验证和校核有限元计算的可靠程度。因此，模型试验与有限元计算可以相互完善，互为补充。利用有限元计算丰富、全面、直观的计算结果，结合模型试验现象可以探明衬垫系统的受力机理，然后对可能的影响因素进行参数敏感性分析，找出影响受力特性的主要因素。

本书将垃圾填埋场衬垫系统的有限元分析简化为二维平面应变问题。用三角形或四边形单元[100]模拟试验中使用的土体或焚烧灰；土工合成材料形状细长，用杆单元模拟；材料之间的界面设置接触单元。为真实反映衬垫系统组成材料的特性，估算土工合成材料层锚固端的拉力，各组成材料以及各材料层间界面的本构关系必须被准确地模拟。本章分别介绍土体、焚烧灰、土工合成材料、材料间界面所采用的本构关系及通过试验确定本构模型参数的方法。

31

3.2 材料本构关系

3.2.1 土体、焚烧灰本构关系

在本书的有限元分析中，用 Duncan-Chang 模型[101] 模拟土体或焚烧灰的应力应变响应。σ_1、σ_3 代表最大最小主应力，ε_1 代表轴向应变，围压 σ_3 一定时，主应力差（$\sigma_1-\sigma_3$）与应变 ε_1 的关系可用双曲线模拟，如式(3.1) 所示。

$$\sigma_1-\sigma_3=\frac{\varepsilon_1}{a+b\varepsilon_1} \tag{3.1}$$

式中 a、b——试验参数，与土体性质有关。

根据式(3.1)，主应力差的极限值 $(\sigma_1-\sigma_3)_{\text{ult}}$ 可由式(3.2) 确定。

$$(\sigma_1-\sigma_3)_{\text{ult}}=\frac{1}{b} \tag{3.2}$$

应变较小时，根据式(3.1) 可确定初始切线模量 E_i，如式(3.3) 所示。

$$E_i=\lim_{\varepsilon_1\to 0}\frac{\sigma_1-\sigma_3}{\varepsilon_1}=\frac{1}{a} \tag{3.3}$$

主应力差极限值 $(\sigma_1-\sigma_3)_{\text{ult}}$ 一般大于土体实际压缩强度 $(\sigma_1-\sigma_3)_f$，因此定义破坏比为：

$$R_f=\frac{(\sigma_1-\sigma_3)_f}{(\sigma_1-\sigma_3)_{\text{ult}}} \tag{3.4}$$

将式(3.2)、式(3.3)、式(3.4) 代入式(3.1) 可得：

$$\sigma_1-\sigma_3=\frac{\varepsilon_1}{\left[\dfrac{1}{E_i}+\dfrac{\varepsilon_1 R_f}{(\sigma_1-\sigma_3)_f}\right]} \tag{3.5}$$

另外，初始切线模量 E_i 与围压 σ_3 关系可由式(3.6) 确定。

$$E_i=kP_a\left(\frac{\sigma_3}{P_a}\right)^n \tag{3.6}$$

式中 k、n——与土体性质有关的参数；

P_a——大气压力。

根据库伦破坏准则：

$$(\sigma_1-\sigma_3)_f=\frac{2c\cos\phi+2\sigma_3\sin\phi}{1-\sin\phi} \tag{3.7}$$

式中　c、ϕ——土体的黏聚力和内摩擦角。

将式(3.6)、式(3.7)代入式(3.5)可得应力应变关系：

$$\sigma_1 - \sigma_3 = \cfrac{\varepsilon_1}{\left[\cfrac{1}{kP_a\left(\cfrac{\sigma_3}{P_a}\right)^n} + \cfrac{\varepsilon_1 R_f(1-\sin\phi)}{2c\cos\phi + 2\sigma_3\sin\phi}\right]} \tag{3.8}$$

式中　k、n、c、ϕ、R_f——参数，可由三轴试验结果确定。

将式(3.5)两边分别对 ε_1 取微分，可得任意应力条件下切线模量 E_t：

$$E_t = \frac{\partial(\sigma_1 - \sigma_3)}{\partial\varepsilon_1} = \cfrac{\cfrac{1}{E_i}}{\left[\cfrac{1}{E_i} + \cfrac{R_f\varepsilon_1}{(\sigma_1 - \sigma_3)_f}\right]^2} \tag{3.9}$$

通过式(3.5)可得 ε_1 表达式，代入式(3.9)，另外将式(3.6)、式(3.7)代入，可得任意应力条件下切线模量：

$$E_t = \left[1 - \frac{R_f(1-\sin\phi)(\sigma_1 - \sigma_3)}{2c\cos\phi + 2\sigma_3\sin\phi}\right]^2 kP_a\left(\frac{\sigma_3}{P_a}\right)^n \tag{3.10}$$

式中　σ_1、σ_3——最大和最小主应力；

　　　R_f——破坏比；

　　　c——黏聚力，可由三轴压缩试验获得；

　　　ϕ——内摩擦角，可由三轴压缩试验获得；

　　k、n——参数，可由三轴压缩试验获得；

　　　P_a——大气压力，为常数。

在围压 σ_3 一定条件下，切线泊松比 ν_t 可表示为：

$$-\frac{d\varepsilon_3}{d\varepsilon_1} = \frac{\nu_t}{1-\nu_t} \tag{3.11}$$

根据 Rowe 应力剪胀模型[102]：

$$\frac{\sigma_1}{\sigma_3} = A\left(-\frac{d\varepsilon_3}{d\varepsilon_1}\right) \tag{3.12}$$

式中　A——常数。

综合式(3.11)、式(3.12)可得任意应力条件下切线泊松比 ν_t 为：

$$\nu_t = \cfrac{\cfrac{\sigma_1}{\sigma_3}}{A + \cfrac{\sigma_1}{\sigma_3}} \tag{3.13}$$

　　本书有限元分析中土体、焚烧灰的参数通过三轴压缩试验获得，试验装置及试件如图 3.1 所示。

图 3.1　三轴压缩试验装置及试件

3.2.2 土工合成材料本构关系

土工合成材料被视为线性弹性材料，并使用1%应变下的弹性模量。因此，对于土工合成材料层，拉力和延伸率之间的关系是：

$$T = \frac{E_{1\%} t_g}{l} \Delta l \qquad (3.14)$$

式中　T——单元的拉力；

　　$E_{1\%}$——应变为1%时的弹性模量；

　　t_g——土工合成材料层的厚度；

　　l——单元的长度；

　　Δl——单元的伸长量。

3.2.3 材料界面本构关系

在有限元分析中，准确模拟材料界面的摩擦应力-相对位移行为非常关键，特别是在垃圾填埋场衬垫层中，一些材料的界面上存在应变软化特性。许多文献[71,96,103,104]强调了应变软化特性对分析土工合成材料衬垫层受力特性的重要性。在本书中，土工合成材料界面应变软化特性利用第2章中所提出的本构新模型进行模拟，建立的模型能够反映界面实际力学特性，因此能够较好地模拟复合衬垫系统实际受力状况。

衬垫系统材料界面特性通过直接剪切试验进行测试。直接剪切试验装置如图3.2、图3.3所示。顶层剪力箱宽100mm、长200mm、高80mm，试验时将土体、砂或焚烧灰材料按照要求的相对密度投入，通过放置在剪力箱内材料上的钢板施加静态竖直应力。图3.4为焚烧灰试样。当测试土工膜与土工布界面时，如图3.5所示，将土工膜黏合到胶合板上，然后置入剪切箱中固定。

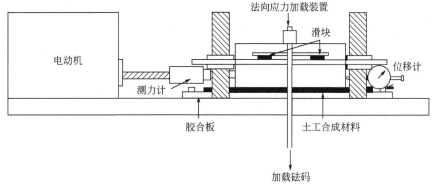

图3.2　直接剪切试验装置示意图

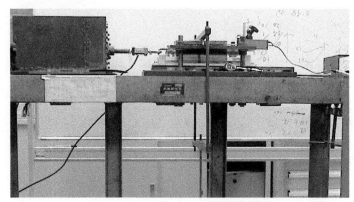

图 3.3　直接剪切试验装置实物图

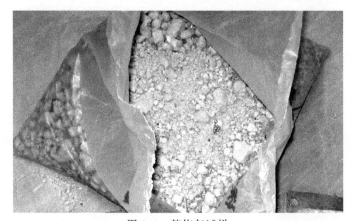

图 3.4　焚烧灰试样

图 3.5　土工膜、土工布试样

考虑应变软化特性的界面本构模型共需 9 个参数：k、n、R_f、c_p、ϕ_p、k'、n'、c_r、ϕ_r，确定方法详见 2.3 节。对于不存在应变软化界面，按照附录 I 方法确定参数 k、n、R_f、c、ϕ 即可。

3.3 有限元程序

本书中有限元分析采用自行编制的 FORTRAN 语言程序。为了反映土体或焚烧灰以及接触单元的应变依赖性，采用荷载增量法。即将材料的外荷载和自重荷载除以加载步数 N，然后分 N 步施加，逐步计算。第 i 步的单元刚度矩阵由第 $(i-1)$ 步的应力确定。加载步数 N 的大小由试算确定，确保由加载步数多少产生的误差达到可以忽略不计的程度。

土体、砂以及焚烧灰采用三角形单元或四节点四边形单元建模。材料间界面采用四节点接触单元，如图 3.6 所示。通过式(3.10)和式(2.29)由第 $(i-1)$ 步应力计算出对应的切线弹性模量和切线剪切刚度后，可得到系数矩阵 $[D_t]$ 或 $[D_{st}]$。

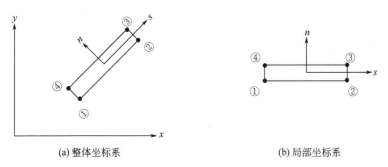

(a) 整体坐标系   (b) 局部坐标系

图 3.6 接触单元

$$[D_t] = \frac{E_t(1-\nu_t)}{(1+\nu_t)(1-2\nu_t)} \begin{bmatrix} 1 & \dfrac{\nu_t}{1-\nu_t} & 0 \\[2mm] \dfrac{\nu_t}{1-\nu_t} & 1 & 0 \\[2mm] 0 & 0 & \dfrac{1-2\nu_t}{2(1-\nu_t)} \end{bmatrix} \qquad (3.15)$$

$$[D_{st}] = \begin{bmatrix} K_{st} & 0 \\ 0 & K_n \end{bmatrix} \qquad (3.16)$$

应力应变增量关系或摩擦应力相对位移增量关系可以写成：

$$\{\Delta\sigma\} = [D_t]\{\Delta\epsilon\} \qquad (3.17)$$

$$\{\Delta\sigma'\} = [D_{\mathrm{st}}]\{\Delta u\} \qquad (3.18)$$

式中：

$$\{\Delta\sigma\} = \{\Delta\sigma_x \quad \Delta\sigma_y \quad \Delta\tau_{xy}\}^{\mathrm{T}}$$

$$\{\Delta\varepsilon\} = \{\Delta\varepsilon_x \quad \Delta\varepsilon_y \quad \Delta\gamma_{xy}\}^{\mathrm{T}}$$

$$\{\Delta\sigma'\} = \{\Delta\sigma_{\mathrm{n}} \quad \Delta\tau\}^{\mathrm{T}}$$

$$\{\Delta u\} = \{\Delta s_{\mathrm{n}} \quad \Delta s\}^{\mathrm{T}}$$

式中　Δs_n、Δs——界面在法向和轴向的相对位移增量。

根据虚功原理，可以得到第 i 步的单元刚度矩阵 $[K_{\mathrm{t}}^{\mathrm{e}}]$ 和 $[K_{\mathrm{st}}^{\mathrm{e}}]$：

$$[K_{\mathrm{t}}^{\mathrm{e}}] = \iint [B^{\mathrm{e}}]^{\mathrm{T}} [D_{\mathrm{t}}] [B^{\mathrm{e}}] \,\mathrm{d}x\,\mathrm{d}y = \int_{-1}^{1}\int_{-1}^{1} [B^{\mathrm{e}}]^{\mathrm{T}} [D_{\mathrm{t}}] [B^{\mathrm{e}}] [J] \,\mathrm{d}\xi\,\mathrm{d}\eta$$

$$(3.19)$$

$$[K_{\mathrm{st}}^{\mathrm{e}}] = \int_{-\frac{L}{2}}^{\frac{L}{2}} [C^{\mathrm{e}}]^{\mathrm{T}} [D_{\mathrm{int}}] [C^{\mathrm{e}}] \,\mathrm{d}s \qquad (3.20)$$

式中：

$$[B^{\mathrm{e}}] = [B_1^{\mathrm{e}} \quad B_2^{\mathrm{e}} \quad B_3^{\mathrm{e}} \quad B_4^{\mathrm{e}}] \qquad (3.21)$$

$$[B_\alpha^{\mathrm{e}}] = \begin{bmatrix} \dfrac{\partial N_\alpha}{\partial x} & 0 \\[2mm] 0 & \dfrac{\partial N_\alpha}{\partial y} \\[2mm] \dfrac{\partial N_\alpha}{\partial y} & \dfrac{\partial N_\alpha}{\partial x} \end{bmatrix} \qquad (3.22)$$

$$[C^{\mathrm{e}}] = \begin{bmatrix} 1-\dfrac{2s}{L} & 0 & 1+\dfrac{2s}{L} & 0 & -1-\dfrac{2s}{L} & 0 & -1+\dfrac{2s}{L} & 0 \\[2mm] 0 & 1-\dfrac{2s}{L} & 0 & 1+\dfrac{2s}{L} & 0 & -1-\dfrac{2s}{L} & 0 & -1+\dfrac{2s}{L} \end{bmatrix}$$

$$(3.23)$$

式中　L——接触单元的轴向长度。

雅可比矩阵可以写成：

$$[J] = \begin{bmatrix} \dfrac{\partial x}{\partial \xi} & \dfrac{\partial x}{\partial \eta} \\[2mm] \dfrac{\partial y}{\partial \xi} & \dfrac{\partial y}{\partial \eta} \end{bmatrix} \qquad (3.24)$$

整体坐标与局部坐标微分的关系表示为：

$$\mathrm{d}x=\frac{\partial x}{\partial \xi}\mathrm{d}\xi+\frac{\partial x}{\partial \eta}\mathrm{d}\eta \tag{3.25}$$

$$\mathrm{d}y=\frac{\partial y}{\partial \xi}\mathrm{d}\xi+\frac{\partial y}{\partial \eta}\mathrm{d}\eta \tag{3.26}$$

对于每个单元，采用式（3.19）和式（3.20）计算单元刚度矩阵 $[K_t^e]$ 和 $[K_{st}^e]$，然后建立整体刚度矩阵 $[K_i]$。

考虑到边界条件和节点的外力向量，包括自重和外荷载，整体平衡方程可表示为：

$$\{\Delta P_i\}=[K_i]\{\Delta u_i\} \tag{3.27}$$

式中　$\{\Delta u_i\}$——第 i 步节点的位移向量；

　　　$\{P_i\}$——第 i 步节点的外力向量。

对于土体、焚烧灰和土工合成材料层，应变增量可通过式（3.28）计算，$\{\Delta u_i\}$ 由式（3.27）得出。

$$\{\Delta \varepsilon\}=[B]\{\Delta u_i\} \tag{3.28}$$

应力增量 $\{\Delta \sigma\}$ 可以用式（3.17）计算。对于界面单元，应力增量 $\{\Delta \sigma'\}$ 可通过式（3.18）计算。

本书给出了将第 2 章中土工合成材料界面应变软化特性本构新模型应用于接触单元的有限元程序代码，见附录Ⅱ。附录Ⅲ为本构新模型应用于 Abaqus 软件时的用户子程序代码。

3.4　小结

本章介绍了有限元分析中衬垫系统材料及材料间界面采用的本构关系，以及由试验确定本构参数的方法。有限元分析采用自行编制的有限元程序，材料间界面采用四节点接触单元模拟，本构关系采用第 2 章中提出的土工合成材料界面应变软化特性本构新模型，给出了有限元程序代码。为了反映土体或焚烧灰以及接触单元的应变依赖性，计算过程中采用荷载增量法分步加载。

4 垃圾填埋场衬垫系统 剪力传递研究

4.1 概述

在垃圾填埋场中，衬垫系统要实现防渗导排等多种功能，必须使用多种土工材料构成一个多层的复合系统。垃圾的高压缩性及其降解过程导致填埋体产生沉降，在垃圾填埋体与衬垫系统顶层材料之间的界面产生剪力，这种外力通过材料间界面的摩擦从上层向下层传递，在此过程中各材料层产生变形并在锚固端形成拉力。垃圾填埋场衬垫系统的设计必须考虑每个组成材料内部的拉应力和组成材料之间的稳定性，但衬垫系统组成材料拉伸模量各异，难以协调变形，且内部材料间界面具有不同的剪切强度，有的界面存在明显的应变软化特性。因此为保证衬垫材料的完整性和衬垫层整体的稳定性，应充分了解由多层土工合成材料组成的衬垫系统在外力作用下的剪力传递以及变形过程。

许多关于土/土工合成材料或土工合成材料间界面摩擦特性的研究都是基于斜坡试验和扭剪试验[51,105-111]，在这些试验中，正应力大小一般为 $1\sim10\mathrm{kPa}$，界面面积为 $0.005\sim1\mathrm{m}^2$ 不等。Imaizumi 等[48] 采用多层直剪试验研究了多层土工合成材料衬垫层的受力特性。结果表明，仅考虑界面处的峰值摩擦应力不足以估算材料层的最大拉力。小竹望等[72] 进行了一系列五层直接剪切试验，通过分析相邻材料间的摩擦应力与相对位移的关系，对剪力传递进行了研究，然而并未分析材料特性和模型几何尺寸对土工合成材料层间剪切力传递行为的影响。

施建勇等[54,55] 针对垃圾填埋工程中复合衬垫的界面抗剪特性，利用改进的叠环式单剪仪，对复合衬垫进行了整体剪切试验研究。研究结果表明：复合衬垫整体单剪试验的应力-位移曲线在低法向应力试验中没有呈现明显的软化特征，在高法向应力试验中有硬化现象；随法向应力增加剪切破坏面会发生转移；目前常用的把复合衬垫拆分为单个界面进行研究来确定最危险界面的方法，不能正确地反映填埋场中的复合衬垫在加载过程中的衬垫单元的实际受压变形情况和在剪切变形过程中最危险破坏面转移的情况；复合衬垫界面的抗剪强度包线呈现双曲线性质。钱学德等[56]在多层土工合成材料复合衬垫的整体叠环式单剪试验后发现极限破坏界面并非单一固定，而是随着法向应力的变化发生由一个界面向另一界面转移，且在一定的法向应力范围内还可能同时出现两个具有相同剪切强度的极限破坏界面；多层土工合成材料复合衬垫中各层的剪切应力-位移曲线是硬化型的，衬垫系统的剪切强度总是低于极限破坏界面的剪切强度。

林伟岸等[58]设计并采用复合衬垫系统大型斜坡模型试验装置开展了其内部剪力传递机理的研究。该装置通过砂袋加载模拟填埋过程，采用手拉葫芦为核心的滑移控制系统再现了土工膜/土工织物界面的渐进累积破坏过程。试验结果表明：当外部剪力小于峰值强度时，界面不会进入残余状态，上覆的土工合成材料锚固端的拉力也非常小；但当外部剪力超过界面峰值强度时，界面就会逐渐进入残余状态并最终达到残余强度。同时，薄弱界面上覆的土工合成材料锚固端的拉力也显著增加，严重时甚至被完全拉断。

Reddy等[71]利用有限元分析评估典型垃圾填埋场衬垫系统界面在城市固体垃圾自重荷载下的剪切位移，通过参数化研究，评价了不同类型的城市生活垃圾对衬垫性能的影响，但没有研究土工合成材料特性对衬垫系统性能的影响。

本章首先利用有限元方法模拟了四层直接剪切试验[48]。通过与试验结果的比较，验证有限元计算的有效性。然后，进行有限元参数分析，通过改变试样长度、第三层刚度和土工膜厚度，研究这些因素对剪力传递、材料间摩擦应力分布以及材料变形的影响。

4.2 四层直剪试验概要

四层直剪试验装置如图 4.1 所示。顶层为剪切箱，宽 100mm，长 200mm，深 80mm。当土工布用作顶层时，将其黏合到胶合板上，然后置入剪切箱中固定。第二层为土工膜或无纺土工布。第三层是黏结在钢板上的无纺土工布或土工膜。底层是一个固定的钢板，在其上设置六个滑块，使第三层在底层上可以自由滑动。

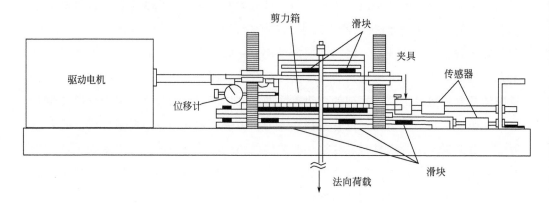

图 4.1 四层直剪试验装置

用于四层直剪试验的材料分别是细砂（KS）、高密度聚乙烯土工膜（GMB）和无纺土工布（GTX）。试验测试了三种不同的材料组合，从上至下材料顺序分别是：KS-GMB-GTX、KS-GTX-GMB 和 GTX-GMB-GTX。

试验中，剪切箱在电机驱动下，以 1.0mm/min 的速度移动。经试验测试，对于细砂和土工合成材料之间的界面，以 0.2mm/min 和 1.0mm/min 的速率测试的强度参数几乎相同，所以认为此速率是合适的。通过设置在剪切箱内的钢板以挂重形式施加法向应力，大小为 49kPa，相当于填埋场边坡平均值 1：1.5，垃圾填埋高度为 10m，垃圾单位重量为 $14kN/m^2$ 情况下边坡衬垫层上产生的平均法向应力。用位移计测量顶层的水平位移 S_1；通过载荷传感器测量拉力 T_1，也就是顶层和第二层之间界面上的剪切力。通过设置在第二层和第三层端部的载荷传感器分别测量第二层和第三层端部的拉力 T_2 和 T_3。由于第三层和底层之间通过滑块接触，拉力 T_3 测量值代表第二层与第三层之间的剪切力。

试验中使用的细砂（KS）最大粒径为 5.0mm、均匀系数为 4.3。图 4.2 为细砂的固结排水三轴压缩试验结果。根据最大剪应力 $(\sigma_1-\sigma_3)/2$ 与平均有效应力 $(\sigma_1+\sigma_3)/2$ 的关系，由最佳拟合直线的斜率和截距得出内摩擦角为 29.5°，黏聚力为 2.27kPa。

表 4.1 列出了土工合成材料在 1% 应变下的弹性模量、厚度和拉伸刚度。图 4.3 给出了相对密度接近 100% 的细砂与土工合成材料以及土工合成材料之间的常规直接剪切试验结果。界面的黏聚力和内摩擦角列于表 4.2。试验中，将细砂倒入剪切箱中，然后在剪切箱内放置钢板并压紧。库仑破坏准则用于表示材料之间界面的峰值抗剪强度。黏聚力 c_p 和摩擦角 ϕ_p 的确定方法见附录 I。

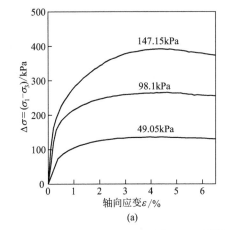

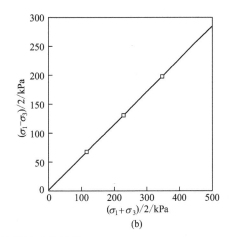

图 4.2 固结排水三轴压缩试验结果

表 4.1 试验中使用的土工合成材料特性

项 目	高密度聚乙烯土工膜(GMB)	无纺土工布(GTX)
弹性模量(1%)/MPa	460.0	9.1
厚度/mm	1.0	5.0
拉伸刚度/(kN/m)	460.0	45.5

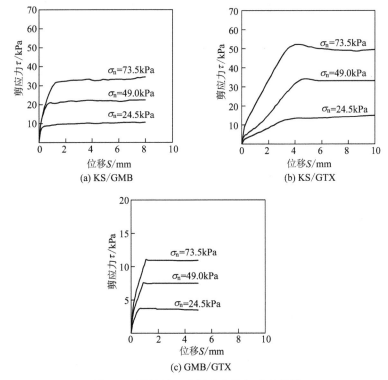

图 4.3 材料界面常规直接剪切试验结果

表 4.2 界面的黏聚力和内摩擦角

界面	c_p/kPa	ϕ_p/(°)
KS/GMB	0	23.05
KS/GTX	0	34.86
GMB/GTX	0.16	8.50

4.3 有限元模拟

假设土工合成材料层拉应力沿夹具均匀分布，可将有限元分析简化为二维平面应变问题。有限元网格划分和边界条件如图 4.4 所示，顶层为细砂或土工布。顶层为细砂时，单元数和节点数分别为 191 和 202，顶层为土工布时，单元数和节点数分别为 86 和 102。网格细化试算的结果表明，与网格数量加倍后的结果相比，剪

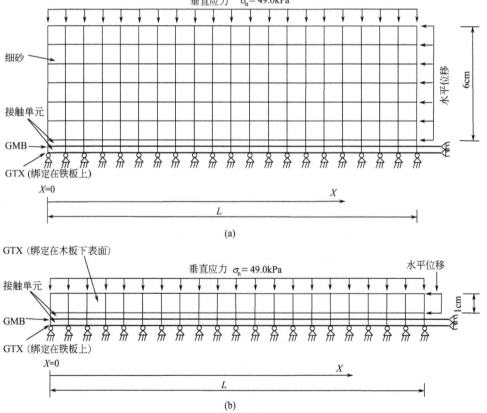

图 4.4 有限元网格

（a）顶层为细砂，材料组合为 KS-GMB-GTX；（b）顶层为土工布，材料组合为 GTX-GMB-GTX

切力 T_1 和拉力 T_2、T_3 的变化在 $-0.15\%\sim0.2\%$ 之间。因此，可以认为使用的单元数量足够保证计算精度。

顶层采用四边形单元进行建模。对于顶层是土工布黏合到胶合板的情况，假定该层的模量为一大值，以确保顶层不产生形变。第二层和第三层根据其形状用杆单元模拟，两层之间的界面用接触单元模拟。

如 3.2.1 所述，使用 Duncan-Chang 模型模拟细砂的应力应变特性。各参数值见表 4.3。试验中使用的土工合成材料被视为线性弹性材料，应变为 1% 时的弹性模量如表 4.1 所示。材料之间的界面按照第 2 章所述采用考虑应变软化特性的本构新模型，参数值见表 4.3 和表 4.4。

表 4.3　细砂以及材料间界面参数

项目		k	n	R_f	c 或 c_p /kPa	ϕ 或 ϕ_p /(°)
KS(细砂)		716.82	0.83	0.91	2.27	29.50
界面	KS/GMB	8071.54	0.39	0.77	0	23.05
	KS/GTX	3458.88	1.18	0.50	0	34.86
	GMB/GTX	3707.45	0.63	0.69	0.16	8.50

表 4.4　应变软化界面参数

界面	k'	n'	c_r/kPa	ϕ_r/(°)
KS/GTX	-346.29	0.08	0	32.29

在顶层表面垂直施加 49.0kPa 的均布荷载。计算过程中顶层的剪切位移按每一步 0.1mm 增加。

4.4　模拟结果

顶层的剪切位移 S_1 与剪切力 T_1 和固定端拉力 T_2、T_3 之间的关系如图 4.5 所示，计算结果与试验结果吻合较好。对于 KS-GMB-GTX 和 GTX-GMB-GTX 组合，有限元计算和试验结果之间存在一定差异，一个可能的原因是在有限元计算中土工膜使用了应变为 1% 的弹性模量，而试验中土工膜实际应变为 0.63% 和 0.21%，小于 1%，此应变条件下土工膜实际模量较计算采用的值大。此外，对于 GMB/GTX 界面，峰值摩擦应力较低，达到摩擦应力峰值所需的相对位移较小，测量较为困难，导致常规直接剪切试验和四层直剪试验中测量值的误差可能较大。

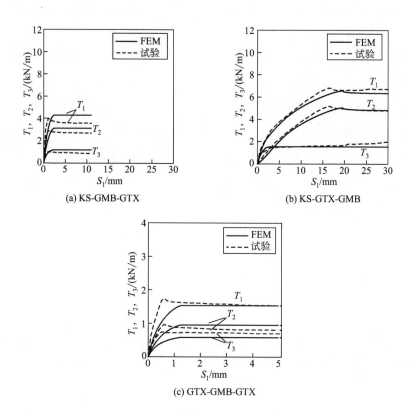

图 4.5　FEM 计算结果与试验结果对比

对于 KS-GMB-GTX 和 GTX-GMB-GTX 组合，由于设定 KS/GMB 和 GMB/GTX 界面的剪切刚度在超过峰值摩擦应力后为零，T_1 达到峰值后，T_1、T_2 和 T_3 保持不变。对于 KS-GTX-GMB 组合，由于 KS/GTX 界面的应变软化特性，剪切力 T_1 和拉力 T_2 随着剪切位移的增加而减小，而 T_3 在达到峰值后保持不变。

图 4.6 给出了第二层计算拉力的分布随顶层剪切位移 S_1 的增大而变化的过程。可以看出，第二层土工合成材料内拉力非均匀分布，在固定端最大，向自由端逐渐减小。第二层任意点的拉力可理解为从该点到自由端（$X=0$）范围内第二层上下表面摩擦力的差值。因此，第二层内拉力从固定端到自由端逐渐减小。

图 4.7 和图 4.8 分别为第二层上下表面摩擦应力计算值的分布随顶层剪切位移 S_1 的变化。图 4.9 和图 4.10 给出了第二层上下表面上相对位移的分布，即第二层相对第一层和第三层的相对位移。

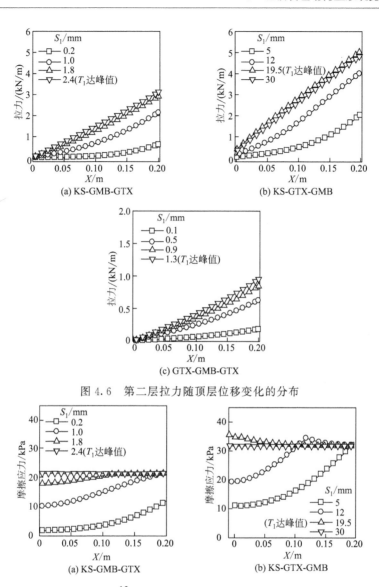

图 4.6　第二层拉力随顶层位移变化的分布

图 4.7　第二层上表面摩擦应力分布随顶层位移增加的变化

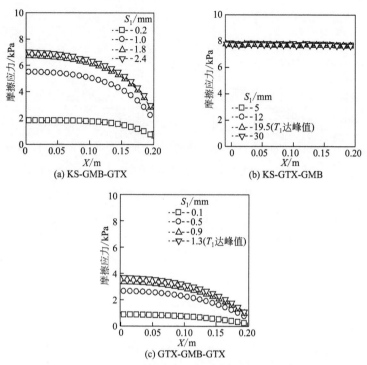

图 4.8　第二层下表面摩擦应力分布随顶层位移增加的变化

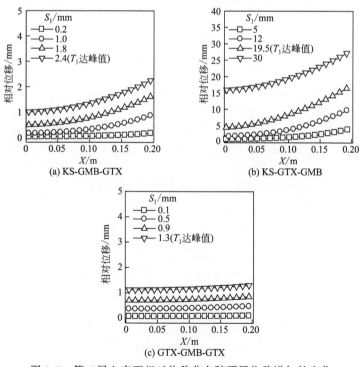

图 4.9　第二层上表面相对位移分布随顶层位移增加的变化

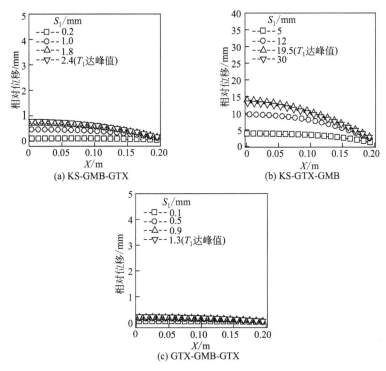

图 4.10 第二层下表面相对位移分布随顶层位移增加的变化

根据图 4.3 所示的常规直剪试验结果，在 $\sigma_n = 49\text{kPa}$ 条件下，达到峰值摩擦应力所需的相对位移，对于 KS/GMB 界面约为 0.8mm，对于 KS/GTX 界面约为 4.5mm，对于 GMB/GTX 界面约为 0.9mm。因此，对于 KS-GMB-GTX 和 GTX-GMB-GTX 组合，峰值摩擦应力（或残余摩擦应力）产生范围是第二层的整个上表面，对于 KS-GTX-GMB 组合，峰值摩擦应力（或残余摩擦应力）只在 $X = 0.12 \sim 0.20\text{m}$ 范围内产生。

从图 4.7 中可以发现，对于 KS-GMB-GTX 和 GTX-GMB-GTX 组合，第二层上表面的摩擦应力当 T_1 达到峰值拉力时完全产生且均匀分布，对于 KS-GTX-GMB 组合，峰值摩擦应力即使在 T_1 达到峰值拉力（$S_1 = 19.5\text{mm}$）时，也仅在局部产生。一个可能的原因是，当实际相对位移超过了达到峰值摩擦应力所需的值时［图 4.9(b)］，由于 KS/GTX 界面的应变软化特性，转入残余摩擦应力阶段。这一结果表明：当分析具有应变软化特性的衬垫层界面的稳定性时，只考虑峰值摩擦应力是不够的。

在图 4.8 所示的第二层下表面，当达到峰值拉力 T_1 时，对于 KS-GTX-GMB 组合，摩擦应力均匀分布，而 KS-GMB-GTX 和 GTX-GMB-GTX 组合，摩擦应力呈不均匀分布状态。由于第二层和第三层固定在 $X=0.2\mathrm{m}$ 处，相对位移是由于第二层和第三层材料本身延伸率的差异形成的。由于第三层与钢板黏结，无法拉长，对于 KS-GMB-GTX 和 GTX-GMB-GTX 组合，第二层的伸长不够大，所以第二层与第三层的相对位移不足以形成峰值摩擦应力 ［图 4.10(a) 和 (c)］。

为表征第二层承担剪力的大小，第二层拉力 T_2 与剪切力 T_1 之比定义如下：

$$\beta=\frac{T_2}{T_1} \tag{4.1}$$

如果用基于极限平衡理论的常规方法[47] 计算 T_1 和 T_2，β 可以表示为：

$$\beta=\frac{\tau_{1,2\mathrm{p}}-\tau_{2,3\mathrm{p}}}{\tau_{1,2\mathrm{p}}}=\frac{(c_{1,2\mathrm{p}}+\sigma_\mathrm{n}\tan\phi_{1,2\mathrm{p}})-(c_{2,3\mathrm{p}}+\sigma_\mathrm{n}\tan\phi_{2,3\mathrm{p}})}{c_{1,2\mathrm{p}}+\sigma_\mathrm{n}\tan\phi_{1,2\mathrm{p}}} \tag{4.2}$$

式中　　$\tau_{1,2\mathrm{p}}$、$\tau_{2,3\mathrm{p}}$——顶层与第二层之间、第二层与第三层之间的摩擦应力峰值；

　　　　$c_{1,2\mathrm{p}}$、$c_{2,3\mathrm{p}}$——顶层与第二层之间、第二层与第三层之间的黏聚力；

　　　　$\phi_{1,2\mathrm{p}}$、$\phi_{2,3\mathrm{p}}$——顶层与第二层之间、第二层与第三层之间的峰值摩擦角。

表 4.5 总结了有限元法（FEM）和常规方法估算的 β 值以及试验值。结果表明，有限元法计算的 β 值与试验值相近，但常规法计算的 β 值对于 KS-GMB-GTX 组合低于试验值，对于 KS-GTX-GMB 组合，与试验值基本相同，对于 GTX-GMB-GTX 组合，与试验值相差很大。

表 4.5　不同方法得到的 β 值

项目	KS-GMB-GTX	KS-GTX-GMB	GTX-GMB-GTX
试验	0.72	0.76	0.56
FEM	0.72	0.77	0.62
常规方法	0.64	0.78	0.00

为分析原因，考察摩擦应力的形成情况。顶层和第二层之间以及第二层和第三层之间界面处的摩擦应力效率分别被定义为：

$$\eta_{1,2}=\frac{\tau_{1,2}}{\tau_{1,2\mathrm{p}}} \tag{4.3}$$

$$\eta_{2,3}=\frac{\tau_{2,3}}{\tau_{2,3\mathrm{p}}} \tag{4.4}$$

式中　　$\tau_{1,2}$——顶层与第二层之间的计算摩擦应力；

　　　　$\tau_{2,3}$——第二层与第三层之间的计算摩擦应力。

沿着界面方向的 $\eta_{1,2}$ 和 $\eta_{2,3}$ 值如图 4.11 所示。从分布情况可以看出，在 KS-GMB-GTX 和 GTX-GMB-GTX 组合下，第二层与第三层之间的摩擦应力没有完全形成，这导致了有限元方法与常规方法之间 β 值的差异。

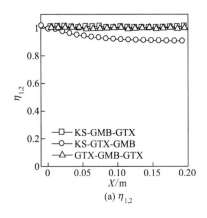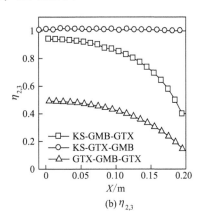

图 4.11　沿界面方向的 $\eta_{1,2}$ 和 $\eta_{2,3}$ 值

以上计算结果表明，仅考虑材料之间的摩擦力峰值，不足以确定衬垫层材料的拉力。考虑材料本身性能和模型几何尺寸可能对第二层拉力以及材料间摩擦应力分布具有一定影响，下面通过有限元参数分析进行进一步研究。

4.5　有限元参数分析

在以下有限元参数研究中，改变试件的长度、第三层的刚度和土工膜的厚度进行计算。在这些计算中，施加在顶层上的法向应力保持 49.0kPa 不变。由于在某些情况下达到峰值剪切力 T_1 较为困难，在剪切位移率达到 8% 时停止计算。剪切位移率（%）定义为：

$$\varepsilon_s = \frac{S_1}{L} \times 100 \tag{4.5}$$

式中　S_1——顶层的位移；

　　　　L——试样的长度。

4.5.1　试样长度的影响

保持其他条件不变，改变试样长度 L 为 0.4m 和 0.6m 进行计算。对于 $L=0.4$m 和 $L=0.6$m 的模型，也进行了网格细化研究，结果表明，与网格数量加倍时的结果相比，剪切力 T_1 和拉力 T_2、T_3 的变化在 $-0.1\%\sim0.4\%$ 之间。因此，可以认为使用的单元数量足够保证计算精度。

图 4.12 显示了 KS-GMB-GTX 和 GTX-GMB-GTX 组合的剪切力 T_1 峰值和拉

力 T_2、T_3，以及 KS-GTX-GMB 组合在剪切位移率为 8% 时的结果。研究发现，随着 L 的增加，KS-GMB-GTX 和 KS-GTX-GMB 组合的 T_2 显著增加，它们在第二层的上下表面上具有不同的摩擦系数，但对于 GTX-GMB-GTX，T_2 增加不显著，因为第二层的上下表面摩擦系数相同。

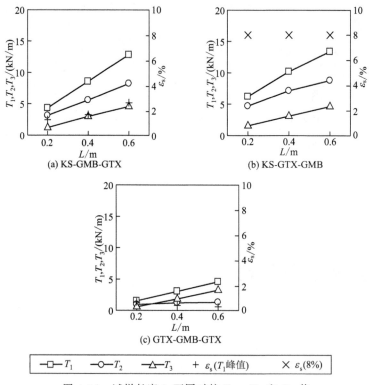

图 4.12　试样长度 L 不同时的 T_1、T_2 和 T_3 值

不同长度模型的 β 计算值如图 4.13 所示。对于 KS-GMB-GTX 和 GTX-GMB-GTX 组合，β 值随 L 的增加而显著降低，接近用常规方法计算的值。但对于 KS-GTX-GMB 组合，β 值小于用常规方法计算的值，并随 L 的增加而减小。

图 4.14 和图 4.15 为第二层上下表面对应于峰值剪切力 T_1 或 8% 剪切位移率时的摩擦应力分布，相应的相对位移分布如图 4.16 和图 4.17 所示。从图 4.14 可以看出，对于 KS-GMB-GTX 和 GTX-GMB-GTX 组合，第二层上表面的摩擦应力完全形成，而第二层下表面的摩擦应力只部分形成，但随着试样长度的增加，摩擦应力增大 [图 4.15(a) 和 (c)]。随着 L 的增加，第二层和第三层之间界面产生较大的相对位移 [图 4.17(a) 和 (c)] 和更大的摩擦应力 [图 4.15(a) 和 (c)]，使第二层所承受的拉力变小。

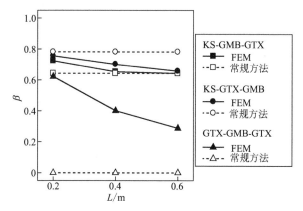

图 4.13　试样长度 L 不同时的 β 值

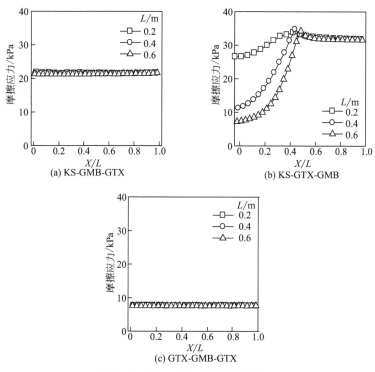

图 4.14　第二层上表面的摩擦应力

对于 KS-GTX-GMB 组合，剪切位移率达到 8% 时，第二层下表面的摩擦应力完全形成［图 4.15(b)］，但第二层上表面的摩擦应力仅部分形成，并随着试样长度的增加而减小［图 4.14(b)］。这是因为在相同剪切位移率为 8% 的情况下，随着 L 的增加，第二层上表面在试样自由端附近产生的相对位移较小［图 4.16(b)］导致摩擦应力形成的程度较低［图 4.14(b)］。

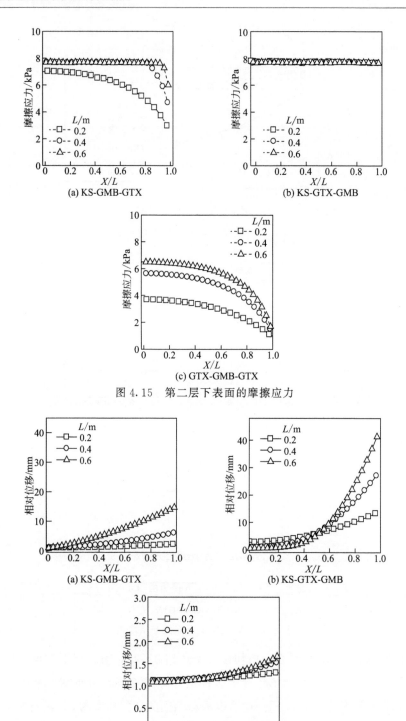

图 4.15　第二层下表面的摩擦应力

图 4.16　第二层上表面的相对位移

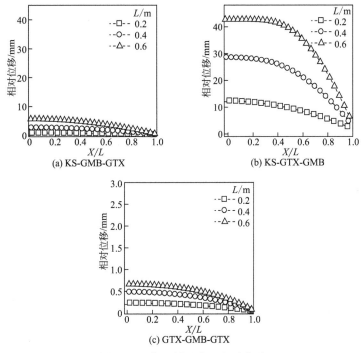

图 4.17　第二层下表面相对位移

4.5.2　第三层刚度的影响

在上述分析中，第三层被视为刚性层。以下分析中，第三层刚度恢复材料实际值，GMB 为 460kN/m，GTX 为 45.5kN/m。如图 4.18 所示，假设第四层材料是固定的，并视为刚性材料。从顶层到第四层材料组合为 KS-GMB-GTX-GMB、KS-GTX-GMB-GTX 和 GTX-GMB-GTX-GMB。

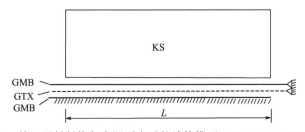

图 4.18　第三层材料恢复实际刚度后的计算模型（KS-GMB-GTX-GMB）

表 4.6 列出了 $L = 0.6m$ 模型的计算结果，将刚性第三层（材料粘贴在钢板上）模型与实际第三层模型进行了比较。结果表明，对于 KS-GMB-GTX-GMB 和 KS-GTX-GMB-GTX 组合，两种模型在不同第三层条件下的 T_2 和 β 值几乎相同。但对于 GTX-GMB-GTX-GMB 组合，实际第三层的 T_2 和 β 值大于刚性第三层的 T_2

和 β 值。三种组合下，实际第三层的拉力 T_3 远低于刚性第三层模型的计算值。

表 4.6　不同第三层条件下的计算结果 （$L=0.6\text{m}$）

项目	KS-GMB-GTX-GMB		KS-GTX-GMB-GTX		GTX-GMB-GTX-GMB	
第三层状况	刚性	实际刚度（45.5kN/m）	刚性	实际刚度（460.0kN/m）	刚性	实际刚度（45.5kN/m）
$\varepsilon_s/\%$	2.56	2.56	8.00	8.00	0.28	0.34
$T_1/(\text{N/cm})$	126.23	126.33	133.83	133.79	45.32	45.26
$T_2/(\text{N/cm})$	80.48	81.82	87.98	88.05	12.72	17.31
$T_3/(\text{N/cm})$	45.67	3.07	46.19	13.25	32.61	0.80
$\beta(\text{FEM})$	0.64	0.65	0.66	0.66	0.28	0.38
$\beta(\text{常规方法})$	0.64	0.64	0.78	0.78	0.00	0.00

注：第三层状况为刚性表示材料被粘贴在钢板上。

　　图 4.19 和图 4.20 为对应于 T_1 峰值或 8% 剪切位移率时第二层上下表面摩擦应力的分布，对应的相对位移分布如图 4.21 和图 4.22 所示。从图 4.19 和图 4.20 可以看出，对于 KS-GMB-GTX-GMB 和 KS-GTX-GMB-GTX 组合，在不同的第三层条件下，第二层上下表面上的摩擦应力几乎相同。对于 GTX-GMB-GTX-GMB 组合，第二层上表面的摩擦应力完全形成 ［图 4.19(c)］，但第二层下表面的摩擦应力只部分形成 ［图 4.20(c)］，实际第三层产生的摩擦应力较低。这是因为在实际第三层情况下，第二层和第三层之间的界面上相对位移较小 ［图 4.22(c)］。

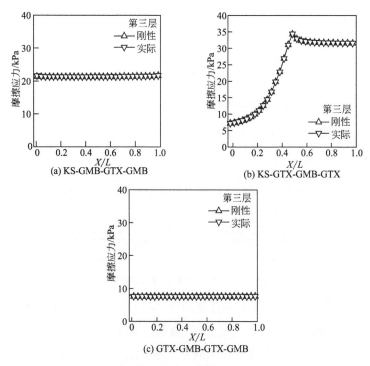

图 4.19　第二层上表面的摩擦应力 （$L=0.6\text{m}$）

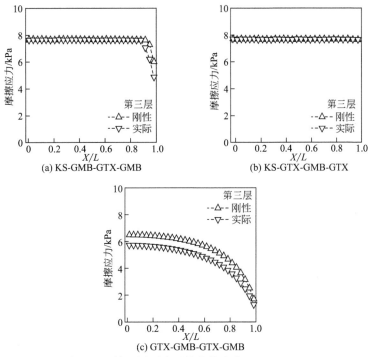

图 4.20　第二层下表面的摩擦应力（$L=0.6\mathrm{m}$）

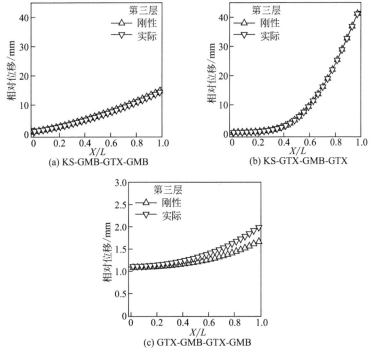

图 4.21　第二层上表面的相对位移（$L=0.6\mathrm{m}$）

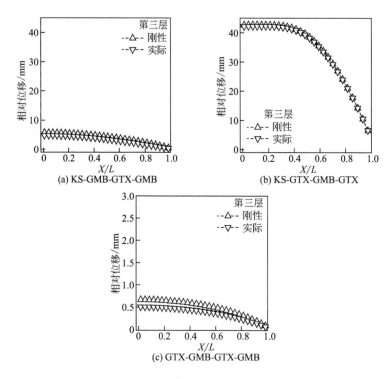

图 4.22　第二层下表面的相对位移（$L = 0.6\mathrm{m}$）

4.5.3　土工膜厚度影响

在以下分析中，KS-GMB-GTX-GMB 和 GTX-GMB-GTX-GMB 组合的第二层土工膜厚度变化为 1.0mm、1.5mm 和 2.0mm，对应的刚度分别为 460kN/m、690kN/m 和 920kN/m。第三层 GTX 采用实际刚度 45.5kN/m，计算模型的试样长度为 0.6m。达到剪切力 T_1 峰值时，不同第二层厚度下的剪切力 T_1、拉力 T_2、T_3 和剪切位移率值［式(4.5)］如图 4.23 所示。可以看出，随着第二层厚度的增加，GTX-GMB-GTX-GMB 组合的拉力 T_2 比 KS-GMB-GTX-GMB 组合增加明显。

不同第二层土工膜厚度组合的 β 值如图 4.24 所示。可以发现，β 值随第二层土工膜厚度的增加而增大。对于 KS-GMB-GTX-GMB 组合，β 值更接近常规方法计算的值。

图 4.25 和图 4.26 为第二层上下表面的摩擦应力和相对位移分布，对应的相对位移分布如图 4.27 和图 4.28 所示。从图 4.25 和图 4.26 可以看出，第二层上表面的摩擦应力已全部形成，而第二层下表面的摩擦应力仅部分形成。随着第二层土工膜厚度的增加，第二层和第三层之间的界面处产生的相对位移较小，特别是接近 $X = 0$（图 4.28）处，导致产生的摩擦应力较低（图 4.26），使第二层承受更大的拉力。

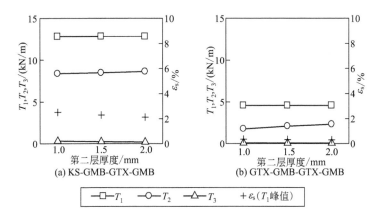

图 4.23 不同土工膜厚度模型的 T_1、T_2 和 T_3 值 ($L=0.6$m)

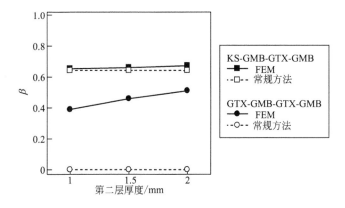

图 4.24 不同土工膜厚度模型的 β 值

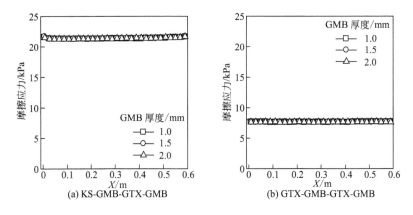

图 4.25 第二层上表面的摩擦应力 ($L=0.6$m)

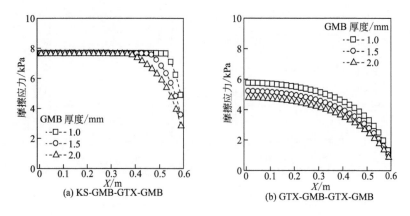

图 4.26　第二层下表面的摩擦应力（$L = 0.6$m）

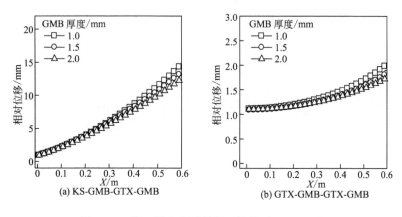

图 4.27　第二层上表面的相对位移（$L = 0.6$m）

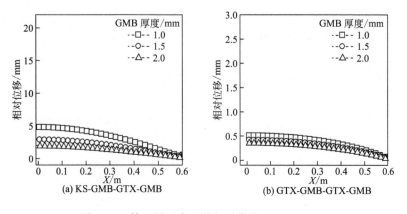

图 4.28　第二层下表面的相对位移（$L = 0.6$m）

4.6 小结

采用有限元法对四层直剪试验进行了模拟，考虑了界面的应变软化特性。然后进行了参数化研究，分析了试件长度、第三层刚度和土工膜厚度对第二层承担剪力比例和材料间摩擦应力分布的影响，主要结论总结如下。

① 有限元计算结果与试验结果吻合较好。用常规方法计算的第二层拉力与试验结果不同。当第一层和第三层材料相同时，用常规方法计算的第二层拉力为零，而用有限元法计算的第二层拉力不为零，与试验结果接近。

② 对于具有应变软化特性的界面，摩擦应力峰值仅在界面上局部产生，即使拉力 T_1 已达到峰值。这一结果说明只考虑峰值摩擦应力不足以分析具有应变软化特性界面衬垫层的力学特性。

③ 当土工膜作为第二层时，随着试样长度增加，承担剪力比例减小，接近常规方法计算结果。随着试样长度增加，第二层和第三层之间的界面产生较大的相对位移，导致摩擦应力增大，第二层承受的拉力相对减小。

④ 当土工布作为第二层时，随着试样长度增加，第二层的拉力增大，但承担剪力比例减小，且小于常规方法计算的值。因为在相同 8% 剪切位移率的情况下，随着试样长度增加，在试样自由端附近，第二层上表面的相对位移和摩擦应力减小，剪力向下传递减少。

⑤ 对于 KS-GMB-GTX-GMB 组合和 KS-GTX-GMB-GTX 组合，不同第三层条件下的第二层拉力值和承担剪力比例几乎相同。因为即使第三层条件不同，但第二层上下摩擦应力的形成程度几乎相同。然而，对于 GTX-GMB-GTX-GMB 组合，第三层采用实际刚度时第二层拉力值和承担比例都大于第三层是刚性条件的值。因为第三层采用实际刚度时，第二层和第三层之间界面的相对位移较小，产生的摩擦应力也较小。

⑥ 随着第二层厚度的增加，第二层的拉力和承担剪力比例增大。因为第二层厚度增大使第二层和第三层之间界面的相对位移减小，剪力向下传递减少，导致第二层承受更大的剪力。

5 填埋场边坡坡度与衬垫系统受力关系研究

5.1 概述

垃圾填埋场主要有山谷型、平原型和滨海型三种。山谷型填埋场通常建于山区的山谷中，利用山坡作为天然的垃圾填埋边界，具有节约耕地、投资省和库容大的优点，另外，周边居民较少，对人畜的危害相对较小，而且周围的绿化又可起到净化环境的作用，因此在我国是最为常用的一种填埋场形式。

山谷型垃圾填埋场边坡上的衬垫系统受到各种力的作用，会产生向下滑移的趋势，需要在边坡顶端和分段平台处进行锚固。为了保证设计的锚固沟具有足够的性能，必须估算衬垫系统中土工合成材料层在锚固端产生的拉力。拉力过大或锚固能力不足可能引起衬垫系统中的无纺土工布和土工膜产生损坏，导致衬垫系统失去防渗作用，致使渗滤液流入地下造成污染。对于山谷型填埋场而言，在一定的平面空间内，边坡越陡填埋场的填埋容量越大。因此，有必要对填埋场边坡坡度与衬垫层土工合成材料锚固端拉力之间的关系进行研究。

本章进行了一系列垃圾填埋场离心模型试验。填埋场衬垫层由上部土工布保护层、防渗膜和底部土工布保护层组成，边坡坡度由1：2.0变为1：0.5。同时进行了有限元分析，以评价填埋场边坡坡度对衬垫系统内土工合成材料层拉力的影响。

5.2 离心模型试验的缩尺比例

离心模型试验可以建立垃圾填埋场的缩尺模型，同时保持原位应力状态。离心试验机为试验模型施加离心加速度，通过选择合适的加速度水平，使被测材料的单位重量可按模型缩尺的相同比例增加，从而使模型和原型中相应点的应力相同[112]。模型试验方法能够直接、直观地再现实际工程问题，试验结果为理论分析提供可靠的数据基础。然而，实际填埋场工程规模较大，平面长度宽度都在几十米以上，填埋高度也达十几米甚至几十米。而试验模型的尺寸较小，为了保证模型与实际填埋场在物理机理上保持相似性，必须合理地设计试验模型和选择替代试验材料。

对 $1/n$ 缩尺的离心试验模型施加 n 倍的重力加速度（G），通常可采用与原型相同的土质材料。对于 nG 离心试验模型和原型，其深度 z 处的法向应力可表示为：

$$z_p = n \times z_m \tag{5.1}$$

$$n \times \gamma_p = \gamma_m \tag{5.2}$$

$$\sigma_{v,m} = \gamma_m \times z_m = n\gamma_p \times z_m = \gamma_p \times nz_m = \gamma_p \times z_p = \sigma_{v,p} \tag{5.3}$$

式中　　z——土中任一点的深度；

　　　　γ——土的单位重量；

　　　　σ_v——土中任一点的垂直应力；

角标 m、p——离心试验模型和原型。

由于离心试验模型采用与原型相同的土质材料，土压力系数相同。因此，离心试验模型中的应力不仅在垂直方向上，而且在所有方向上都与原型相同。所以，离心试验模型和原型中的土应变是相同的。

$$\varepsilon_m = \varepsilon_p \tag{5.4}$$

土的变形是应变在长度上的累积，因此，$1/n$ 离心试验模型中土的变形是原型的 $1/n$。

$$S_m = S_p/n \tag{5.5}$$

除上述对土质材料的分析外，经过物理方程或量纲分析，可以确定试验模型各材料间界面的摩擦系数、边坡坡度要与原型一致，模型高度及材料刚度要与原型保持 $1/n$ 比例关系。本试验中，填埋垃圾采用原状焚烧灰，土工合成材料因为缩尺困难采用原型材料，通过有限元方法计算 $1/n$ 刚度条件下的受力状况。

5.3　离心模型试验

5.3.1　离心试验装置

离心试验机装置如图 5.1、图 5.2 所示，是一种装有平衡摆动配重的梁式离心试验机，有效半径 1.15m，由 11kW 交流电机驱动。最大载荷为 150kg，最大加速度可达到 100G。离心试验机设备参数见表 5.1。离心机转臂具有平衡检测功能，当不平衡力超过限值时，设备自动停机，可确保试验装置安全运行。

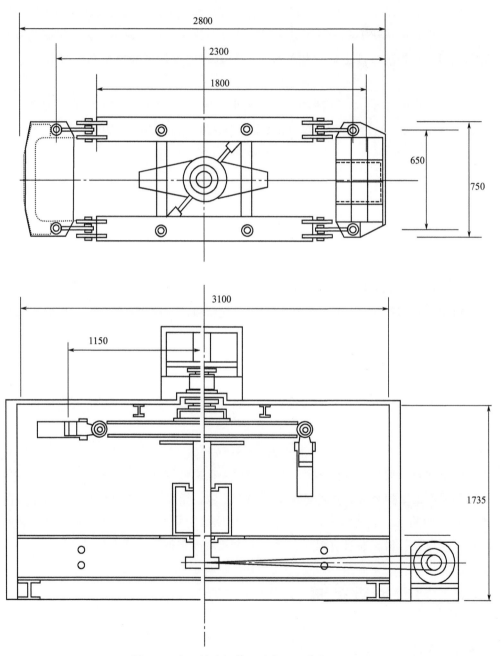

图 5.1　离心试验机装置示意图（单位：mm）

图 5.2　离心试验机装置实物图（模型箱安装口）

表 5.1　离心试验机设备参数

项　　目	指标
有效半径/mm	1180
最大加速度/G	100
最大负重/t	0.15
功率/kW	11
模型箱搭载形式	吊篮式
保护墙半径/mm	1505
深度/mm	1082

5.3.2　垃圾填埋场模型

　　试验中，填埋场模型建造在如图 5.3 所示的钢制模型箱中，模型箱长 50cm，宽 26cm，深 35cm。填埋场模型构造如图 5.4 所示。模型填埋场的地基和边坡由石

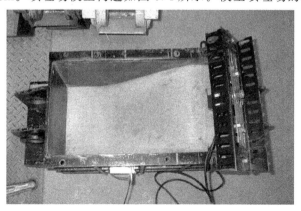

图 5.3　离心试验机模型箱

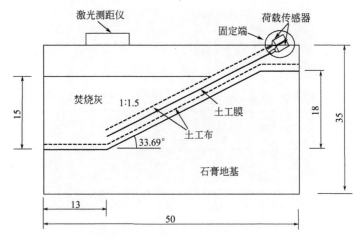

图 5.4　垃圾填埋场离心试验模型构造示意图（单位：cm）

膏制成，边坡高 18cm，坡度分别为 1：2.0、1：1.5、1：1.0、1：0.5，如图 5.5
所示。

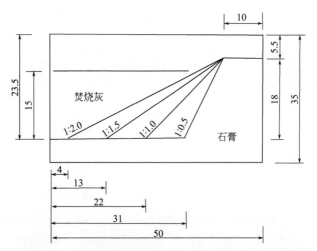

图 5.5　填埋场模型坡度变化示意图（单位：mm）

对于双层防渗膜衬垫层，由于空间限制，难以在所有土工合成材料层的锚固端
设置荷载传感器，因此采用了单层防渗膜衬垫系统。首先，将厚度为 10mm 的无
纺土工布（GTX）作为底层土工布保护层黏结到斜坡和模型填埋场底部，然后用
厚度为 1.5mm 的 HDPE 或 TPO（PE）土工膜（GMB）作为防渗膜。最后，将无
纺土工布（GTX）作为上层土工布保护层放置在防渗膜上。通过固定在坡顶的载
荷传感器，测量土工布保护层和防渗膜固定端拉力。

用城市垃圾焚烧后的焚烧灰（含水量 45%）作为填埋材料。试验中，将焚烧
灰填入填埋场模型，填埋高度 15cm，平均湿密度为 $0.81g/cm^3$。

5.3.3 试验材料特性

焚烧灰的粒径级配曲线见图5.6，黏聚力和内摩擦角以及有限元计算使用的模型参数见表5.2。

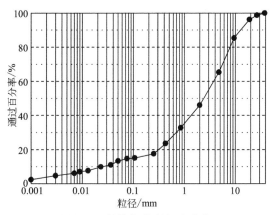

图5.6 焚烧灰粒径级配曲线

表5.2 焚烧灰材料参数

材料	k	n	R_f	c/kPa	ϕ/(°)
焚烧灰	63.20	0.82	0.88	0.80	36.50

试验分别采用HDPE土工膜和TPO（PE）土工膜两种防渗膜，使用无纺土工布（GTX）作为防渗膜的上部保护层。表5.3列出了试验中使用的土工合成材料的厚度、拉伸强度和弹性模量（20℃）。防渗膜温度与弹性模量$E_{1\%}$的关系[113]可表示为：

$$\text{HDPE 土工膜：} E_{1\%} = 784 \times 10^{-0.0102t} \tag{5.6}$$

$$\text{TPO(PE)土工膜：} E_{1\%} = 259 \times 10^{-0.0128t} \tag{5.7}$$

表5.3 试验使用的土工合成材料特性

材料	厚度/mm	弹性模量 $E_{1\%}$/MPa	拉伸强度/(kN/m)	泊松比
无纺土工布(GTX)	10	6.7	5.9	0.3
HDPE 土工膜(GMB)	1.5	484	33.5	0.3
TPO(PE)土工膜(GMB)	1.5	141.5	14.7	0.3

图5.7为焚烧灰和土工合成材料以及土工合成材料之间的常规直接剪切试验获得的摩擦应力相对位移曲线。按照附录Ⅰ及2.3节所述方法确定了界面参数，见表5.4、表5.5。

67

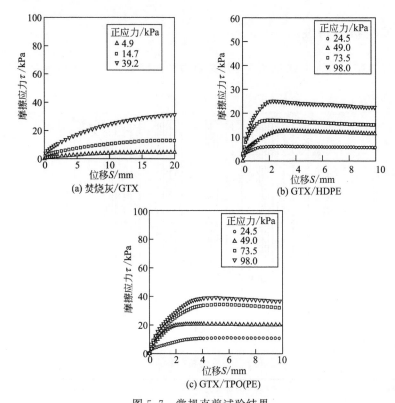

图 5.7　常规直剪试验结果

表 5.4　材料间界面参数

界面	k	n	R_f	c 或 c_p /kPa	ϕ 或 ϕ_p /(°)
焚烧灰/GTX	1631.92	0.83	0.82	1.02	36.20
GTX/HDPE	4877.63	0.98	0.84	0.66	12.50
GTX/TPO(PE)	3708.62	0.79	0.73	0.98	22.29

表 5.5　界面应变软化特性参数

界面	k'	n'	c_r/kPa	ϕ_r/(°)
GTX/HDPE	−36.12	0.70	0.42	12.09

5.3.4　试验程序

在试验中，离心加速度以 5G/min 的速度增加，最大加至 35G，此条件下，焚烧灰深 15cm 的试验模型相当于 5.25m 高的垃圾填埋场原型，每隔 5G 加速度记录上部土工布保护层和防渗膜端部的拉力。

首先在不填入焚烧灰的情况下进行离心试验，测试了由土工合成材料本身质量以及用于连接土工合成材料与荷载传感器的夹具引起的上部土工布保护层和防渗膜的拉力。然后，填入焚烧灰进行离心试验，测量上部土工布保护层和防渗膜端部的拉力。两次测量值的差可以认为是由焚烧灰的压缩引起的拉力。同一工况试验在相同条件下进行两次，取两次试验结果的平均值，以保证试验的可靠性。进行离心模型试验时环境温度在 24.1～27.4℃ 之间。

5.4　试验结果

随着离心加速度的增加，焚烧灰表面下沉量如图 5.8 所示，上部土工布保护层和防渗膜固定端产生的拉力的变化如图 5.9～图 5.16 所示。在没有焚烧灰的情况下，测到的力是指由土工合成材料本身和用于连接土工合成材料与荷载传感器的夹具在离心状态下引起的拉力。有焚烧灰时测得的力大于没有焚烧灰时测得的力，两者之差可以认为是由焚烧灰的压缩引起的拉力。

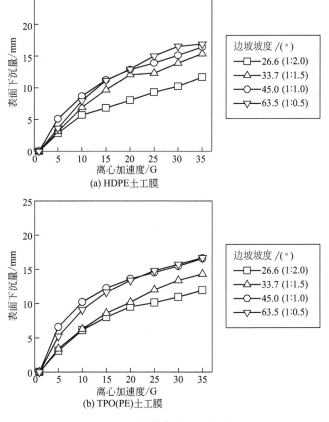

图 5.8　焚烧灰表面下沉量

如图 5.8 所示，随着离心加速度的增大，焚烧灰表面下沉量逐步增大。与此同时，土工布保护层和防渗膜固定端的拉力逐步增大，说明焚烧灰在超重力条件下的压缩对土工合成材料层形成向下的拖拽力，从而引起端部拉力，符合试验设想。

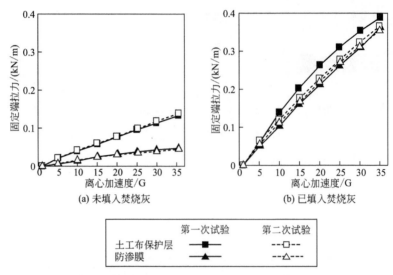

图 5.9　离心模型试验结果（HDPE 土工膜，边坡坡度：1∶2.0）

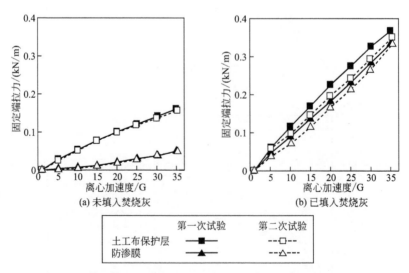

图 5.10　离心模型试验结果（HDPE 土工膜，边坡坡度：1∶1.5）

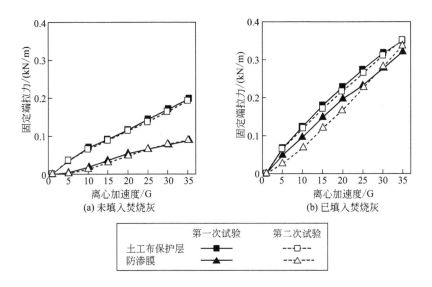

图 5.11　离心模型试验结果（HDPE 土工膜，边坡坡度：1∶1.0）

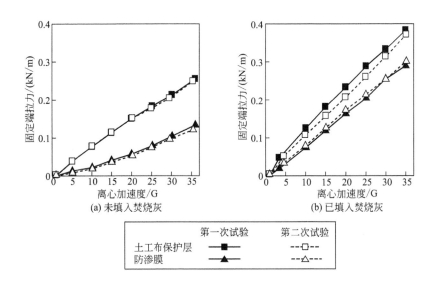

图 5.12　离心模型试验结果（HDPE 土工膜，边坡坡度：1∶0.5）

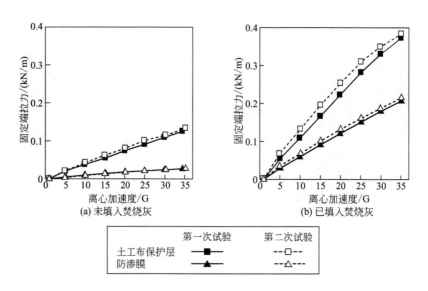

图 5.13　离心模型试验结果［TPO（PE）土工膜，边坡坡度：1∶2.0］

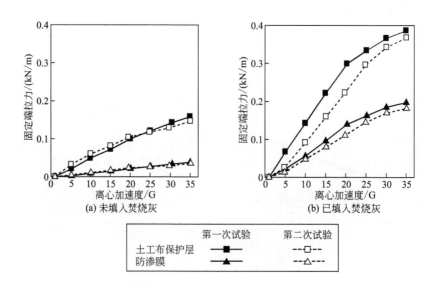

图 5.14　离心模型试验结果［TPO（PE）土工膜，边坡坡度：1∶1.5］

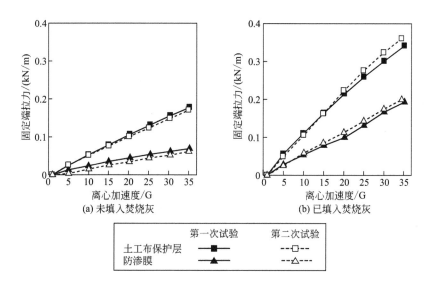

图 5.15 离心模型试验结果 ［TPO（PE）土工膜，边坡坡度：1∶1.0］

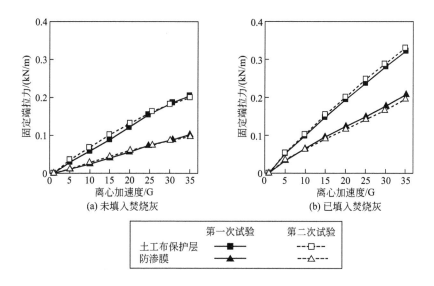

图 5.16 离心模型试验结果 ［TPO（PE）土工膜，边坡坡度：1∶0.5］

离心加速度为 35G 时，试验拉力随边坡坡度的变化汇总于图 5.17。结果表明，随着边坡坡度由 1：2.0 增加到 1：0.5，上部保护层和防渗膜的拉力测试值逐渐减小，与重力条件下模型试验的变化趋势一致[114]。

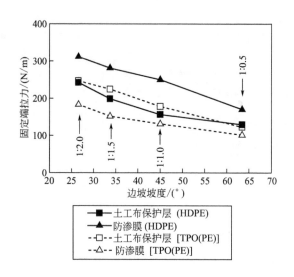

图 5.17　上部土工布保护层和防渗膜端部拉力随边坡坡度的变化

从图 5.17 中还可以看出，对于 HDPE 和 TPO（PE）两种防渗膜情况下，上部土工布保护层端部拉力较为接近，但 HDPE 防渗膜端部的拉力大于 TPO（PE）防渗膜的拉力。HDPE 防渗膜的端部拉力与 TPO（PE）防渗膜端部的拉力之比为 1.6～1.9。参考第 4 章研究结果，这可能是由于 HDPE 防渗膜具有较大的刚度和较小的延伸率，从而使 HDPE 防渗膜底面相对位移和摩擦应力较小，导致其端部承担更大的拉力。

5.5　有限元分析及结果

在有限元分析中，焚烧灰由四边形单元和三角形单元建模，上部土工布保护层和防渗膜由杆单元建模，材料之间的界面由接触单元建模。有限元单元划分和边界条件如图 5.18 所示。

用 3.2.1 所述的 Duncan-Chang 模型模拟焚烧灰的应力应变响应，各参数值见表 5.2。试验中使用的土工合成材料被视为线性弹性材料，应变为 1％时的弹性模量如表 5.3 所示。材料之间的界面按照 3.2.3 所述进行建模。从图

5.7所示的摩擦应力相对位移曲线可以看出，对于焚烧灰/土工布（GTX）界面，相对位移达到20mm时，摩擦应力仍未出现峰值。基于此，本界面试验段的摩擦应力与相对位移关系用双曲线模拟，而当相对位移超过20mm时，则用第2章推导的双曲线来预测。对于GTX/HDPE界面，考虑了应变软化特性，参数值如表5.4和表5.5所示。对于GTX/TPO（PE）界面，应变软化特性不明显，在有限元计算中没有考虑，摩擦应力被视为达到峰值后保持不变，参数值如表5.4所示。

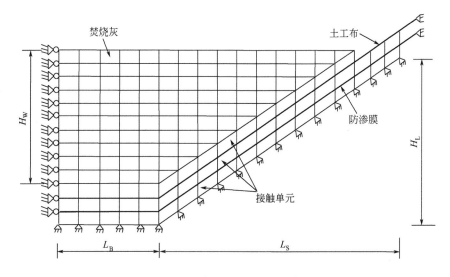

图5.18 有限元单元划分和边界条件示意图

图5.19为离心加速度为35G时，与试验结果相比，上部土工布保护层和防渗膜固定端拉力计算值随边坡坡度的变化。计算结果与试验结果较为接近。在试验坡度变化范围内，上部土工布保护层和防渗膜的拉力计算值也随坡度增大而减小。

为了解释这一现象，需考察界面上法向应力和摩擦应力的分布情况。图5.20为材料界面上法向应力计算值，由图可知边坡上最大法向应力随坡度增大而减小。图5.21为沿界面的相对位移分布。结果表明，防渗膜上界面相对位移随坡度增大而减小，防渗膜下界面相对位移也随坡度增大而减小，但与防渗膜上界面相比，相对位移值很小。

图5.22为边坡上防渗膜上下界面摩擦应力的分布。由图可知，防渗膜上下界面摩擦应力都随坡度增大而减小。由于土工合成材料层固定端的拉力可以认为

是土工合成材料上下表面摩擦力的差值，再考虑边坡坡度由 1：2.0 变化到
1：0.5 时，边坡长度显著减小，可以理解拉力从 1：2.0 坡度到 1：0.5 坡度递
减的现象。

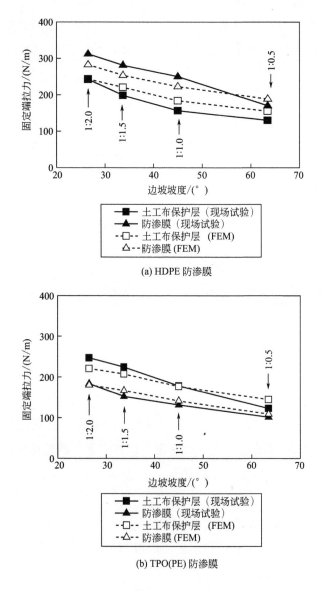

(a) HDPE 防渗膜

(b) TPO(PE) 防渗膜

图 5.19　固定端拉力与坡度的关系

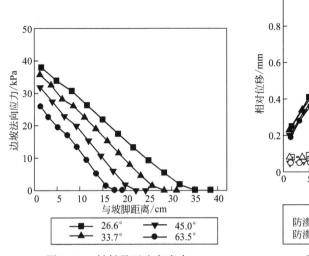

图 5.20 材料界面法向应力

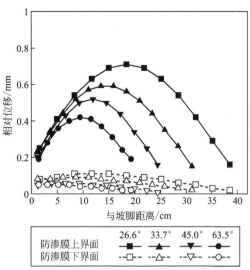

图 5.21 沿界面的相对位移

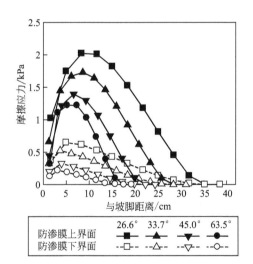

图 5.22 沿界面的摩擦应力

5.6 有限元参数分析

5.6.1 底面长度影响

为了研究模型尺寸对试验结果的影响，对不同底面长度（图 5.18L_B）的模型进行了计算。图 5.23 为土工合成材料层固定端拉力与底面边坡水平长度之比

(L_B/L_S) 之间的关系。结果表明，土工合成材料层固定端拉力随 L_B/L_S 值的增大而增大，当 L_B/L_S 大于 1.0 时，达到稳定值。在离心试验中，边坡坡度为 1：2.0 和 1：1.5 的模型，L_B/L_S 值分别为 0.11 和 0.48，这两种情况下土工合成材料层拉力可能被一定程度地低估。

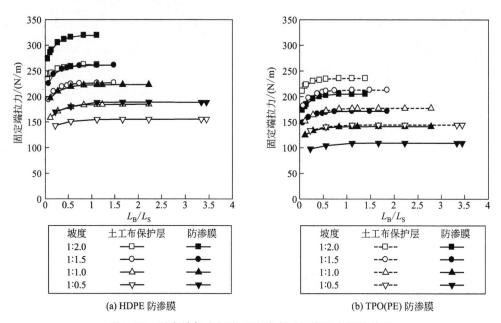

(a) HDPE 防渗膜　　　　　　　(b) TPO(PE) 防渗膜

图 5.23　固定端拉力与底面边坡水平长度比之间的关系

5.6.2　模型缩尺影响

在缩尺后的离心试验模型中，斜坡上单位宽度的焚烧灰重量为：

$$W_p = \frac{1}{2}H_p \times L_P \times \gamma_p = \frac{1}{2}nH_m \times nL_m \times \gamma_p = \frac{1}{2}nH_m \times L_m \times n\gamma_p$$

$$= \frac{1}{2}nH_m \times L_m \times \gamma_m = nW_m \qquad (5.8)$$

式中　　W——斜坡上单位宽度的焚烧灰重量；

H——焚烧灰高度；

L——水平方向的边坡长度；

角标 m、p——离心试验模型和原型。

如果土工合成材料层固定端拉力与斜坡上单位宽度焚烧灰重量之间的关系假定为线性关系，则：

$$T_p = \alpha \times W_p = \alpha \times nW_m = n \times \alpha W_m = n \times T_m \qquad (5.9)$$

式中 α——常数。

由于大幅度减小土工合成材料层的厚度或模量是困难的，因此很难对土工合成材料进行缩尺，所以在离心试验中土工合成材料采用实际材料。上述计算实质上是对未完全缩尺的离心试验模型进行的计算，计算条件如表5.6第ⅲ列所示，此时，模型填埋场底面长度取30cm。

表5.6 离心试验和有限元模型计算条件

项目		ⅰ (离心试验)	有限元计算条件			
			ⅱ (模型)	ⅲ (模型)	ⅳ (模型)	ⅴ (原型)
加速度/G		35	35	35	35	1
尺寸	H_L/m	0.18	0.18	0.18	0.18	6.3
	H_W/m	0.15	0.15	0.15	0.15	5.25
	L_B/m	0.13	0.13	0.30	0.30	10.5
	L_S/m	0.27	0.27	0.27	0.27	9.45
土工布保护层厚度/mm		10	10	10	0.2857(10/35)	10
防渗膜厚度/mm		1.5	1.5	1.5	0.0428(1.5/35)	1.5
土工布保护层模量/MPa		6.7	6.7	6.7	6.7	6.7
防渗膜模量/MPa		484	484	484	484	484
焚烧灰重量/(kN/m³)		278.25	278.25	278.25	278.25	7.95

对边坡坡度 1∶1.5 采用 HDPE 防渗膜的实际离心试验模型，假设将土工合成材料的厚度减至 1/35，形成虚拟离心试验模型，并对其进行计算，计算条件如表 5.6 第ⅳ列所示。计算结果列于表 5.7，实际离心试验模型的土工合成材料层固定端拉力 T_{cent} （计算条件ⅲ）与虚拟离心试验模型固定端拉力 T'_{cent}（计算条件ⅳ）的比值为 20 左右。

表5.7 实际离心试验模型与土工合成材料1/35厚的虚拟离心试验模型计算结果比较

防渗膜	T_{cent}/(N/m)		T'_{cent}/(N/m)		T_{cent}/T'_{cent}	
	GTX	GMB	GTX	GMB	GTX	GMB
HDPE 土工膜	226.1	259.9	11.1	12.5	20.4	20.8
TPO(PE)土工膜	211.8	168.3	10.1	7.7	21.0	21.9

实际离心试验模型和土工合成材料为 1/35 厚的虚拟模型的摩擦应力分布如图 5.24 所示。土工合成材料上下表面沿长度方向摩擦应力总和的差可以认为是引起拉应力的原因，由此可以理解虚拟模型的拉力远小于实际离心试验模型的拉力。

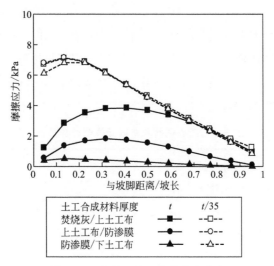

图 5.24　边坡上界面摩擦应力分布

图 5.25 显示了界面上产生的摩擦应力与峰值摩擦应力之比的分布。由图可见，对于实际离心试验模型，三个界面的值均未达到峰值，但对于土工合成材料为 1/35 厚的虚拟模型，上部土工布保护层/防渗膜界面以及防渗膜/下部土工布保护层界面上，除坡脚和坡顶附近外，其值接近 1.0。由于界面的应变软化特性使残余摩擦应力得到了发挥，故其值小于 1。

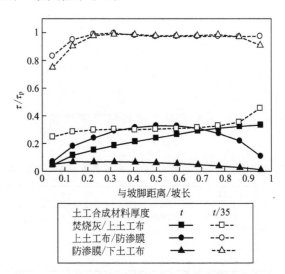

图 5.25　边坡上界面摩擦应力与峰值摩擦应力之比

对边坡坡度 1∶1.5，离心加速度 35G 对应的原型填埋场进行了计算。计算条件见表 5.6 第 V 列。计算结果列于表 5.8，可以看出，原型填埋场的拉力大于离心试验模型的拉力。

表5.9为土工合成材料为1/35厚虚拟离心试验模型与原型防渗膜的计算拉力。结果表明，原型计算结果约为虚拟模型计算结果的35倍，符合前述的相似准则。

因此，如果离心试验使用1/35厚度的土工合成材料，表5.8中的比率将约为35。而采用实际厚度土工合成材料的离心试验模型得到的HDPE和TPO（PE）防渗膜拉力比值分别为1.68和1.56。这种差异被认为是由于土工合成材料的厚度也就是刚度不同引起的。对于离心实验模型，HDPE和TPO（PE）防渗膜刚度为35倍时，固定端拉力分别为20.8倍和21.9倍（表5.7）。所以，在理论上，HDPE和TPO（PE）防渗膜固定端拉力的比率分别为35/20.8＝1.68和35/21.9＝1.60，这也与表5.8结果吻合。

表5.8 离心试验模型与原型计算结果比较

防渗膜	$T_{cent}/(N/m)$		$T_{prot}/(N/m)$		T_{prot}/T_{cent}	
	GTX	GMB	GTX	GMB	GTX	GMB
HDPE 土工膜	226.1	259.9	384.3	473.1	1.70	1.68
TPO(PE)土工膜	211.8	168.3	345.6	263.1	1.63	1.56

表5.9 虚拟离心试验模型与原型计算结果比较

防渗膜	$T'_{cent}/(N/m)$		$T_{prot}/(N/m)$		T_{prot}/T'_{cent}	
	GTX	GMB	GTX	GMB	GTX	GMB
HDPE 土工膜	11.1	12.5	384.3	473.1	34.62	34.97
TPO(PE)土工膜	10.1	7.7	345.6	263.1	34.22	34.17

在离心模型试验中，由于土工合成材料缩尺的局限性难以克服，因此不能直接比较离心试验和足尺原型的结果。但通过有限元数值计算，对产生的差异进行修正，可以克服这一局限性。因此，将离心试验结果与有限元分析相结合，是研究垃圾填埋场衬垫系统受力的一种有效方法。

5.6.3 土工膜弹性模量影响

以边坡坡度1∶1.5采用HDPE防渗膜的离心试验模型为基础，分别改变防渗膜刚度为10MPa、50MPa、100MPa、300MPa、500MPa、800MPa进行了有限元计算。结果如图5.26所示，可以发现随着防渗膜刚度的增加，土工布保护层的拉力略有减小，防渗膜的拉力明显增大。这一结果证明了防渗膜的刚度对防渗膜拉力有显著的影响。

　　焚烧灰与上部土工布保护层界面的摩擦应力分布如图 5.27 所示。结果显示，对于不同刚度防渗膜，这一界面上摩擦应力基本相同。然而，如图 5.28 所示，随着防渗膜刚度的增加，防渗膜产生延伸率减小，导致上部土工布保护层和防渗膜之间的相对位移更大，上部土工布保护层和防渗膜之间的摩擦应力达到更大的值。由于土工合成材料的拉力可以被视为其上下表面摩擦力的差，所以土工布保护层所承受的拉力减小。另一方面，随着防渗膜刚度的增加，防渗膜产生的伸长变小，导致防渗膜与下部土工布保护层之间的相对位移变小，摩擦应力变小，如图 5.29 所示，结果导致防渗膜承受更大的拉力。

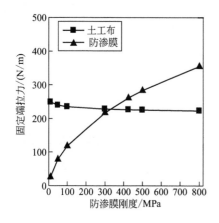

图 5.26　防渗膜拉力随刚度的变化

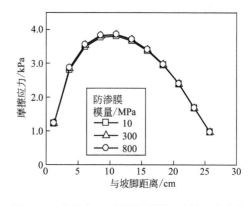

图 5.27　焚烧灰/上部保护层界面摩擦应力分布

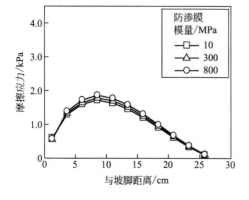

图 5.28　上部土工布保护层/防渗膜
界面摩擦应力分布

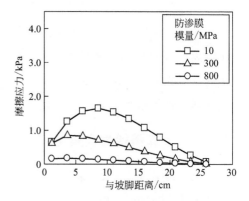

图 5.29　防渗膜/下部土工布保护层
界面摩擦应力分布

5.7 小结

本章对边坡坡度由 1∶2.0 变为 1∶0.5 的垃圾填埋场模型进行了离心试验并进行了有限元分析。在有限元分析的基础上，研究了实际土工合成材料用于离心试验对结果的影响。主要结论如下。

① 所用有限元模型可以较好地估计离心试验中土工合成材料层固定端的拉力。

② 离心试验条件下，土工合成材料层固定端拉力随着坡度由 1∶2.0 增加到 1∶0.5 而减小。

③ 防渗膜刚度对固定端的拉力有显著的影响。防渗膜的刚度越大，产生的拉力越大。但防渗膜的刚度对土工布保护层的拉力影响不大。

④ 相对于将土工合成材料厚度减至 1/35 的虚拟离心试验，采用实际厚度土工合成材料进行的离心试验过高估计土工合成材料层固定端的拉力。包括填埋场原型在内的不同计算条件下结果间的关系符合离心模型试验的理论规划，这也从另一个侧面印证了有限元计算结果的有效性。

6 垃圾填埋以及作业车辆引起的衬垫系统受力研究

6.1 概述

随着垃圾填埋场服役过程中，形成的垃圾填埋体自重沉降逐渐增大，而且在垃圾填埋过程中，需要使用各种作业车辆对垃圾进行覆盖压实作业。填埋作业车辆自重经过垃圾填埋体的转递作用到衬垫系统的土工合成材料层上，并向下部逐层传递，最终在锚固端形成拉力。为了避免土工合成材料层及其锚固端的破坏，在衬垫系统设计时必须考虑填埋过程以及作业车辆引起的这部分拉力。

本章首先进行了离心模型试验和有限元分析，研究了填埋过程以及填埋作业车辆与衬垫系统锚固端拉力的关系。然后，采用有限元法对填埋场现场试验[10]进行了分析，以研究填埋作业车辆对土工合成材料层拉力的影响。另外，近年来双层防渗膜衬垫系统的应用越来越广泛。一些国家如日本规定为了避免渗漏事故的发生应在衬垫层中使用双层防渗膜[113]。因此，有必要对双层防渗膜衬垫系统中土工合成材料层锚固端的拉力进行研究。本章在填埋场现场试验有限元模型的基础上，建立了双层防渗膜衬垫系统模型，进行了有限元分析，以研究双层防渗膜条件下，衬垫系统各土工合成材料层锚固端拉力的分担情况，并与单层防渗膜衬垫系统进行了对比分析。

6.2 试验概要

6.2.1 离心模型试验

试验采用5.3.1所述的离心试验机。填埋场模型构造如图6.1所示，图6.2、

84

图 6.3 为模型实物图。填埋场模型地基和边坡由石膏制成，边坡坡度为 1∶1.5，高度为 20cm。首先，将厚度为 10mm 的无纺土工布（GTX）作为底层土工布保护层黏结到斜坡和模型填埋场底部，然后用厚度为 1.5mm 的 HDPE 或 TPO（PE）土工膜（GMB）作为防渗膜。最后，将无纺土工布（GTX）作为上层土工布保护层放置在防渗膜上。本试验所用土工合成材料种类与 5.3 节相同，在 20℃时的弹性模量如表 5.3 所示。

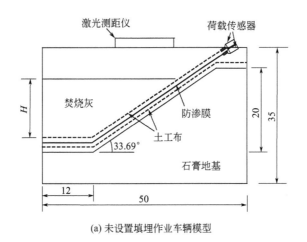

(a) 未设置填埋作业车辆模型

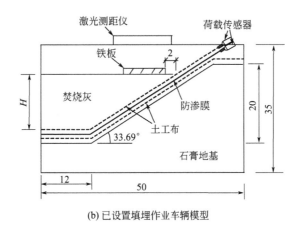

(b) 已设置填埋作业车辆模型

图 6.1　垃圾填埋场离心试验模型构造示意图（单位：cm）

将含水率为 7.1% 的焚烧灰填入填埋场模型中，平均湿密度为 0.92g/cm^3。焚烧灰高度分别为 0cm、8cm、14cm 和 18cm。焚烧灰黏聚力、内摩擦角见表 6.1。图 6.4 为常规直接剪切试验获得的焚烧灰/土工布界面的摩擦应力相对位移曲线。

图 6.2　垃圾填埋场离心试验模型（投入焚烧灰）

图 6.3　垃圾填埋场离心试验模型（已设置车辆模型荷载和激光测距仪）

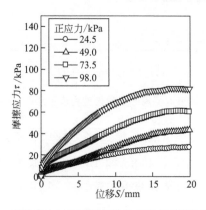

图 6.4　焚烧灰/土工布界面的常规直接剪切试验结果

表 6.1　焚烧灰及材料界面参数

焚烧灰及材料	k	n	R_f	c /kPa	ϕ /(°)
焚烧灰	81.15	0.87	0.83	0.42	37.19
焚烧灰/GTX	5417.64	0.83	0.67	8.20	36.67

在试验中，离心加速度以 5G/min 的速度增加到 30G，此时，18cm 深焚烧灰的模型相当于 5.4m 高的原型垃圾填埋场。通过荷载传感器测量上部土工布保护层和防渗膜固定端的拉力。

首先，在不填入焚烧灰的情况下，测量了由土工合成材料本身重量和用于连接土工合成材料与荷载传感器的夹具引起的上部土工布保护层和防渗膜的拉力。然后，如图 6.1(a) 所示，填入焚烧灰进行试验测量固定端拉力。两次测量的差值就是由焚烧灰的压缩引起的固定端拉力。

当施加车辆模型荷载时，将长 12.4cm、宽 9.5cm、质量 1.99kg 的钢板（模拟 18t 填埋作业车辆）放置在距边坡衬垫层 2cm 的焚烧灰表面，然后安装激光测距仪，如图 6.1(b) 所示。实测值与无焚烧灰实测值之差是由焚烧灰和车辆模型共同引起的拉力。

未设置填埋作业车辆模型时，试验环境温度范围为 16.1～19.5℃。设置有填埋作业车辆模型时，试验环境温度范围为 25.3～28.5℃。

6.2.2　填埋场现场试验

填埋场现场试验[10] 采用高度为 5m、坡度为 1∶1.5、宽度为 40m 的斜坡作为填埋场边坡模型，如图 6.5 所示。将无纺土工布作为下部土工布保护层放置在边坡上，然后将防渗膜和上部土工布保护层放在其上形成衬垫层。利用现场的黏土作为

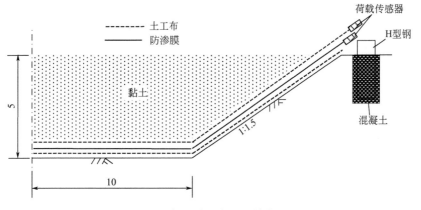

图 6.5　现场试验示意图（单位：m）

衬垫层的粒料保护层并模拟填埋垃圾。以每天 50cm 的速度填埋压实至 5m 高。黏土性质如表 6.2 和表 6.3 所示。在试验中，每填一层土后，用推土机整平压实。所用推土机参数见表 6.4。

考虑防渗膜的温度应力效应，为了测量最大拉力值，选择在中午放置衬垫层，下午 1 点左右进行模拟填埋作业，此时温度与午夜相差最大。通过载荷传感器测量上部土工布保护层和防渗膜固定端的拉力。

表 6.2 填埋黏土性质

项目	指标
土颗粒密度 $\rho_s/(t/m^3)$	2.618
含水量 $\omega/\%$	62.59
容重 $\gamma_t/(kN/m^3)$	14.58
黏聚力 c/kPa	0
内摩擦角 $\phi/(°)$	38.94

表 6.3 黏土及材料界面参数

项目	k	n	R_f	c /kPa	ϕ /(°)
黏土	41.85	0.94	0.82	0.00	38.94
黏土/土工布	1265.49	0.73	0.81	3.20	32.30

表 6.4 现场试验所用推土机参数

项目	指标
车重/t	6.7
履带宽度/m	0.6
履带中心距离/m	1.45
履带接地长度/m	2.19
履带接地压力/kPa	25

6.3 试验结果

6.3.1 离心模型试验结果

随着离心加速度的增加，焚烧灰表面下沉量如图 6.6 所示，土工布保护层和防渗膜固定端拉力测量值的变化如图 6.7、图 6.8 所示。随着离心加速度的增大，焚烧灰表面下沉量逐步增大，与此同时，土工布保护层和防渗膜固定端的拉力逐步上升，说明焚烧灰的下沉引起了衬垫层材料的固定端拉力，符合试验设想。

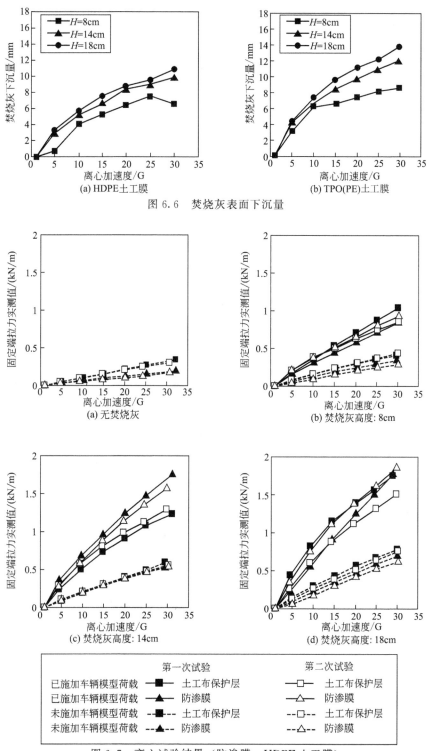

图 6.6　焚烧灰表面下沉量

图 6.7　离心试验结果（防渗膜：HDPE 土工膜）

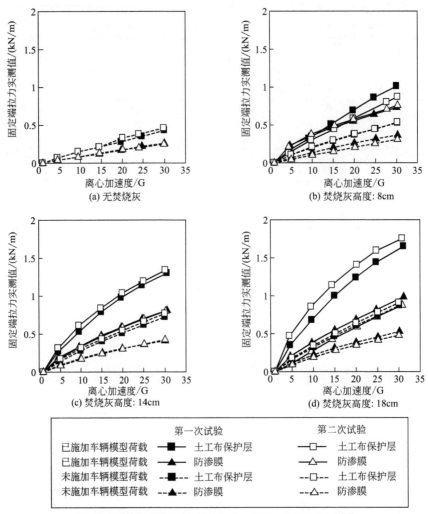

图 6.8 离心试验结果 [防渗膜：TPO（PE）土工膜]

离心加速度为 30G 时的固定端拉力如图 6.9 所示。由图可见，随着焚烧灰高度的增加，土工布保护层和防渗膜的拉力近乎成直线增加，说明随着垃圾填埋的进行，引起的衬垫系统锚固端拉力与填埋高度成直线比例增加。

车辆模型荷载引起的拉力与焚烧灰压缩引起的拉力之比（R）定义如下。

$$R = \frac{T_{(L)} - T_{(UL)}}{T_{(UL)}} \tag{6.1}$$

式中 $T_{(L)}$ ——施加车辆模型荷载时的试验拉力；

$T_{(UL)}$ ——不施加车辆模型荷载时的试验拉力。

由试验结果计算得到的 R 值如图 6.10 所示。结果表明，车辆荷载对土工布保护层和防渗膜的拉力影响较大，但随焚烧灰高度的增加，所占比例减小。

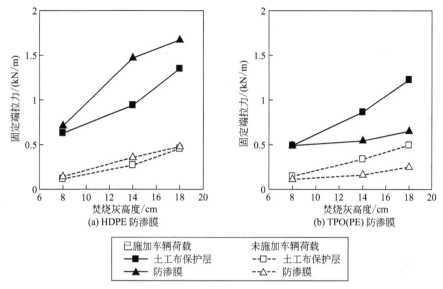

图 6.9 土工布保护层和防渗膜拉力与焚烧灰高度的关系

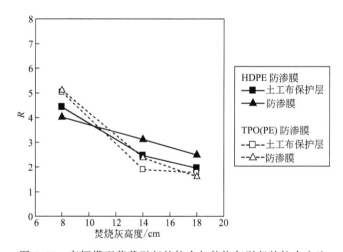

图 6.10 车辆模型荷载引起的拉力与焚烧灰引起的拉力之比

6.3.2 填埋场现场试验结果

图 6.11 所示为试验期间防渗膜的实测拉力随时间变化示意图。由图可见，防渗膜的实测拉力在夜间最大，白天最小，并且逐日增加。这是因为拉力的测量值包括温度应力，而温度应力在低温下更大。如果将开始填土后第一晚的拉力 T_n 视为温度应力引起的拉力，则可以将图 6.11 所示的夜间拉力差 ΔT_i 视为填土引起的拉力。因

此，在固定端部测得的拉力是温度变化和填埋黏土引起的拉力之和（$T_n + \Delta T_f$）。

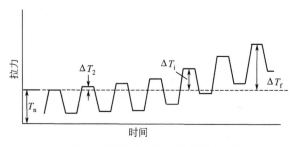

图 6.11　锚固端拉力随时间变化示意图

表 6.5 为现场试验获得的结果，其中分别使用了厚度为 10mm 的无纺土工布保护层和厚度为 1.5mm 的高密度聚乙烯（HDPE）防渗膜。在试验中，为了研究填埋作业车辆对土工合成材料层中拉力的影响，将推土机（表 6.4）停在靠近衬垫层锚固端的位置，与衬垫层水平距离 0.5m。测得防渗膜锚固端拉力为 2.45kN/m，比没有推土机作用时测得的拉力 1.47kN/m 大 1.67 倍。

表 6.5　测量结果和计算结果

项目		锚固端拉力/(kN/m)	
		土工布保护层	防渗膜
HDPE 防渗膜	试验 ΔT_f	0.225	1.470
	FEM	0.309	0.952

6.4　有限元分析

6.4.1　离心模型试验有限元分析

图 6.12 为焚烧灰高 8cm 情况下的有限元单元划分及边界条件。如 3.2 节所述，焚烧灰由四边形单元和三角形单元建模，上部土工布保护层和防渗膜由杆单元建模，材料之间的界面由接触单元建模。采用 3.2.1 所述的 Duncan-Chang 模型模拟焚烧灰的应力应变响应，各参数值见表 6.1。试验中使用的土工合成材料视为线性弹性材料，1‰应变时的弹性模量如表 5.3 所示。

从图 6.4 所示的摩擦应力相对位移曲线可以看出，对于焚烧灰/GTX 界面，峰值摩擦应力在相对位移达到 20mm 时没有出现。因此，摩擦应力与相对位移之间的关系用双曲线来模拟，而当相对位移超过 20mm 时，依照双曲线模型来推测。

GTX/HDPE 和 GTX/TPO（PE）界面直剪试验结果见图5.7(b)、(c)，参数值如表5.4和表5.5所示。

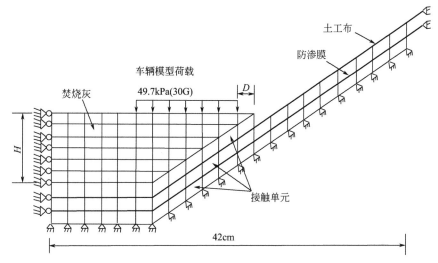

图 6.12　离心试验模型的有限元单元划分和边界条件示意图 （$H = 8$cm）

6.4.2　填埋场现场试验有限元分析

图 6.13 为现场试验对应计算模型的有限元单元划分和边界条件。采用四边形单元和三角形单元对填埋黏土进行模拟，采用杆单元对上部保护层和防渗膜进行模拟，采用接触单元对材料之间的界面进行模拟。上部土工布保护层和防渗膜的外露长度分别为 60cm 和 30cm。

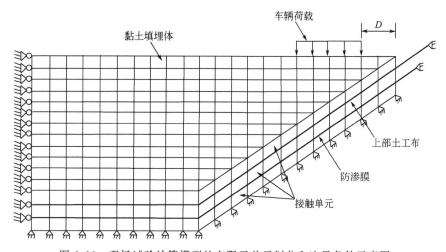

图 6.13　现场试验计算模型的有限元单元划分和边界条件示意图

土工布保护层和 HDPE 防渗膜的参数值如表 5.3 所示。黏土的参数值以及黏土与上部土工布保护层（GTX）之间界面的参数值如表 6.3 所示。上部土工布保护层和 HDPE 防渗膜之间界面的参数值如表 5.4 和表 5.5 所示。

为反应接触单元的应变依赖性，对 5m 高的填土进行分步加载，使填土的重力加速度由零分 50 步增加到 $9.81\mathrm{m/s^2}$。试算结果表明，采用 50 计算步数时，误差已很小，可以忽略不计。

推土机作为填埋作业车辆，将其重量换算成推土机宽度上均布载荷，如图 6.13 所示。填埋作业车辆荷载与衬垫层的距离 D 试验时为 0.5m。有限元计算中，对距离 D 为 0.1m、0.3m、0.5m、1.0m、2.0m、5.0m、8.0m 和 12.0m 几种情况分别进行了计算，以研究填埋作业车辆位置与锚固端拉力的关系。

6.5 计算结果及分析

6.5.1 离心模型试验计算结果及分析

土工布保护层和防渗膜拉力计算值与试验值如图 6.14 和图 6.15 所示，计算结果与试验结果基本符合。由试验结果和 FEM 计算结果得到的 R 值如图 6.11 所示，可以发现，两者基本一致。有限元计算结果同样表明，填埋作业车辆荷载在土工合成材料层固定端产生的拉力是显著的，尤其是在填埋高度较小的情况下。

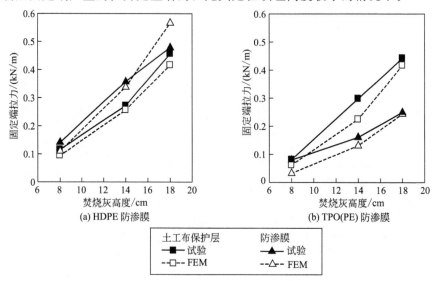

图 6.14　试验结果与计算值的比较（无车辆载荷）

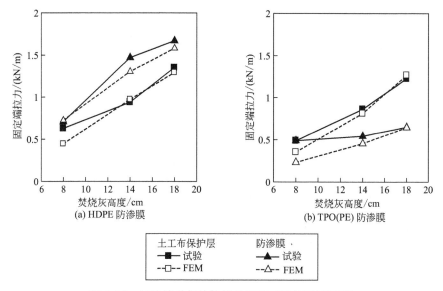

图 6.15　试验结果与计算值的比较（施加车辆载荷）

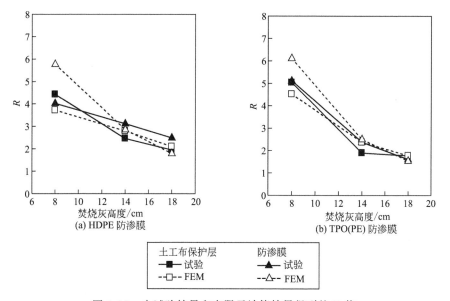

图 6.16　由试验结果和有限元计算结果得到的 R 值

6.5.2　填埋场现场试验计算结果及分析

填埋黏土引起的土工布保护层和防渗膜拉力计算值与试验值见表 6.6。土工布保护层的计算值与测量值之比为 1.37，防渗膜的计算值与测量值之比为 0.65。土工布保护层拉力计算值大于测量值，而防渗膜拉力计算值小于测量值。在有限元计算中，将衬垫层下的边坡土假定为刚体，在现场试验中，由于填埋体的重量，边坡可能发生沉降，从而导致土工布保护层和防渗膜的伸长较大。如4.5.3研究结果所示，防渗膜的延伸率越大，土工布保护层的拉力就会相对越小。

作为填埋作业车辆的推土机停在边坡衬垫层附近时，土工合成材料层锚固端产生的拉力计算值也列于表6.6。由此可见，填埋作业车辆作用下土工布保护层的拉力计算值增大到1.64倍，防渗膜拉力计算值增大到1.81倍。根据现场试验结果，推土机作用下防渗膜拉力实测值比无推土机时大1.67倍，与计算值（1.81）接近。

表6.6 土工合成材料层锚固端的拉力

项目		有作业车辆 /(kN/m)	无作业车辆 /(kN/m)	比值
土工布保护层	现场试验	—	0.225	—
	FEM	0.506	0.309	1.64
防渗膜	现场试验	2.450	1.470	1.67
	FEM	1.722	0.952	1.81

图6.17为土工合成材料层锚固端拉力与填埋作业车辆到边坡衬垫层距离之间的关系。从图中可以看出，当填埋作业车辆靠近边坡衬垫层时，锚固端产生的拉力明显增加。当距离边坡约7.5m时，填埋作业车辆影响基本消失。

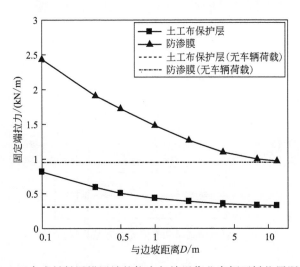

图6.17 土工合成材料层锚固端的拉力与填埋作业车辆至衬垫层距离的关系

6.6 双层防渗膜衬垫系统受力计算

为保证垃圾填埋场的防渗效果，近年来，双层防渗膜衬垫系统的应用越来越广泛。因此，以现场试验模型为基础，建立了双层防渗膜衬垫系统模型进行了有限元分析，以估算土工合成材料层锚固端的拉力。

6.6.1 双层防渗膜衬垫系统计算模型

双层防渗膜衬垫系统模型如图 6.18 所示。土工合成材料自上而下依次为上部土工布保护层（GT_{upp}）、一级防渗膜（GM_{pri}）、中间土工布保护层（GT_{mid}）、二级防渗膜（GM_{sec}）和下部土工布保护层（GT_{low}）。

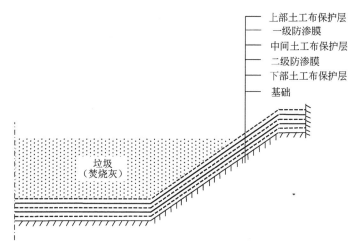

图 6.18　双层防渗膜衬垫系统模型

6.6.2 双层防渗膜衬垫系统有限元分析

图 6.19 为有限元单元划分和边界条件。为了便于与单层防渗膜垫层计算结果进行对比，填埋材料采用现场试验所用黏土的参数（表 6.2），并由四边形单元和三角形单元建模。对于上部土工布保护层、中间土工布保护层和下部土工布保护层，使用厚度为 10mm 的无纺土工布的性能参数。下部土工布保护层固定在斜坡和底部基础上。对于一级防渗膜和二级防渗膜，使用厚度为 1.5mm 的 HDPE 或 TPO（PE）土工膜的性能参数。土工合成材料层在锚固端的外露长度为 30cm。为反应接触单元的应变依赖性，对 5m 高的填土进行分步加载，使填土的重力加速度由零分 50 步增加到 $9.81m/s^2$。试算结果表明，采用 50 计算步数时，误差已很小，可以忽略不计。

6.6.3 双层防渗膜衬垫系统计算结果及分析

衬垫系统土工合成材料层锚固端拉力计算值如表 6.7 所示。结果表明，无论是

HDPE 防渗膜还是 TPO（PE）防渗膜，上部土工布保护层和一级防渗膜所承受的拉力都比单层防渗膜结构所承受的拉力小。中间土工布保护层和二级防渗膜的拉力分别为上部土工布保护层的 7.5％ 和 24.6％（HDPE 防渗膜），以及 6.8％ 和 26.0％ ［TPO（PE）防渗膜］。将表 6.7 所示的拉力与表 5.3 所示的拉伸强度进行比较可知，所产生的拉力不会导致土工合成材料层的撕裂破坏。

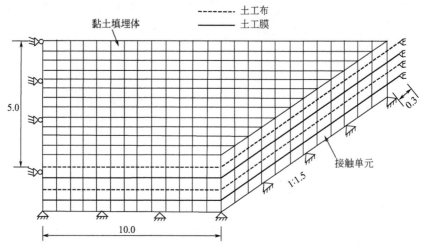

图 6.19　有限元单元划分和边界条件示意图（单位：m）

表 6.7　双层防渗膜衬垫层有限元计算结果

项目		锚固端拉力/(kN/m)			
		GT_{upp}	GM_{pri}	GT_{mid}	GM_{sec}
HDPE 防渗膜	单层防渗膜	0.389	0.821	—	—
	双层防渗膜	0.360	0.809	0.027	0.199
TPO(PE) 防渗膜	单层防渗膜	0.303	0.351	—	—
	双层防渗膜	0.281	0.342	0.019	0.089

　　为进一步研究原因，给出了 HDPE 防渗膜材料界面相对位移和摩擦应力的分布。图 6.20 为防渗膜上下表面的相对位移分布。从图 6.20(a) 可以看出，一级防渗膜上表面的相对位移远大于下表面的相对位移。与 HDPE 防渗膜弹性模量（484.0MPa）相比，上部土工布保护层弹性模量（6.7MPa）较小，伸长量较大，因此相对于一级防渗膜的相对位移较大。对于二级防渗膜，上表面的相对位移比下表面的稍大。

　　图 6.21 给出了 HDPE 防渗膜上下表面的摩擦应力分布。可以看出，对于一级和二级防渗膜，除了坡脚附近外，上下表面的摩擦应力几乎相同。其原因可以参考

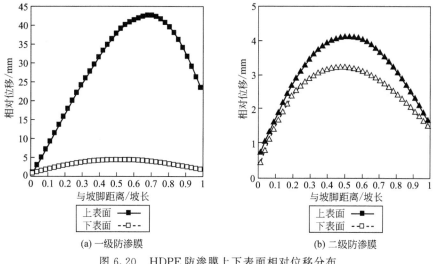

图 6.20　HDPE 防渗膜上下表面相对位移分布

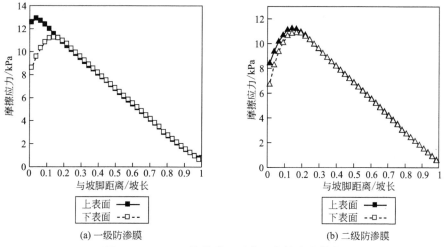

图 6.21　HDPE 防渗膜上下表面摩擦应力分布

图 6.20 中的相对位移以及图 5.7(b) 所示的无纺土工布/HDPE 防渗膜界面特性来理解。从图 5.7(b) 可以看出，摩擦应力在相对位移约 2mm 时达到峰值。从图 6.20 中可以发现，除了坡脚附近的截面外，一级和二级防渗膜的上下表面的相对位移均超过了 2mm。由于上下表面的法向应力相同，相对位移超过 2mm 的界面产生相同的峰值摩擦应力或残余摩擦应力。可以认为，仅坡脚附近上下表面摩擦力的差使防渗膜端部产生了拉力。从图 6.21 可以看出，一级防渗膜上下表面的摩擦应力所围面积大于二级防渗膜，这导致一级防渗膜端部的拉力大于二级防渗膜端部的

拉力。

6.7 小结

对填埋场衬垫系统中土工合成材料层锚固端产生的拉力进行估算和分析,对于锚固端设计和避免土工合成材料的撕裂破坏具有重要意义。本章通过离心模型试验和有限元分析,研究了填埋作业车辆自重对土工合成材料层锚固端拉力的影响,同时对现场试验进行了有限元分析。对双层防渗膜衬垫层进行了有限元分析,研究了双层防渗膜条件下,衬垫层各土工合成材料层锚固端拉力的分担情况,并与单层防渗膜衬垫层进行了对比。主要结论如下。

① 用有限元法计算的土工布保护层和防渗膜固定端的拉力与离心模型试验结果符合较好,与现场试验结果接近。

② 垃圾填埋引起的衬垫系统锚固端拉力与填埋高度接近线性关系。当垃圾高度较小时,填埋作业车辆自重对土工合成材料层固定端拉力影响更为显著。填埋作业车辆靠近边坡时,土工合成材料层固定端拉力明显增大。本章中填埋高度 5m,填埋作业车辆 6.7t,距离边坡 50~60cm 的条件下,填埋作业车辆荷载引起的拉力与垃圾自重压缩引起的拉力之比约为 1.8。

③ 就本章计算的双层防渗膜填埋场条件而言,二级防渗膜的拉力约为一级防渗膜的 1/4,中间土工布保护层锚固端拉力较小,为上部土工布保护层的 10% 以下。对于一级和二级防渗膜,上下表面的摩擦应力除坡脚附近外几乎相同。一级防渗膜上下表面摩擦应力所围面积大于二级防渗膜,导致一级防渗膜锚固端拉力大于二级防渗膜锚固端拉力。

7 垃圾填埋场衬垫层锚固结构受力特性研究

7.1 概述

在城市生活垃圾填埋场中，垃圾一般采用分层分块填埋方式，逐渐堆积到设计高度。垃圾填埋体由于其高压缩性和沉降变形以及填埋作业机械的碾压，将对铺设在填埋场边坡上的衬垫层形成拖曳作用，在衬垫层中形成拉力。为了保证防渗系统的完整性和稳定性，需要在边坡的顶端或分段边坡的平台处设置锚固区对衬垫层进行锚固，一般采用锚固槽（锚固沟）形式，某些条件下也可采用胀栓锚固或预埋锁锚固。衬垫层锚固结构也是衬垫系统的重要组成部分，应提供足够的锚固能力，以防止衬垫层材料的拔出破坏[115]。

孙洪军等[116]通过对土工膜锚固形式的分析，建立了不同锚固形式下土工膜拉伸力学模型，并推导了相应的计算公式，但对于沟槽锚固结构未考虑沟槽侧壁摩擦力提供的锚固作用。张文华等[117]对使用螺栓锚固土工膜的固定端做了研究，螺栓锚固等穿透式锚固方式只能用于衬垫层最顶端，如果使用位置在填埋垃圾下方，将给渗滤液提供下渗通道，因此在填埋场工程中应用有限。本章针对覆土式、混凝土灌注式沟槽锚固结构的受力特性进行了分析，给出了锚固力计算公式，提出了一种垃圾填埋场衬垫层新型锚固结构，并对其开展了模型试验研究。

7.2 垃圾填埋场衬垫层锚固槽结构

填埋场内防渗膜应与保护层构成一个整体，其外缘要拉出坡顶加以锚固。锚固

101

的目的是防止防渗膜被拉出，另外也可防止撕裂破坏。衬垫层锚固的一般方法是在坡顶或中间平台上开挖锚固槽，将膜置于槽中，然后覆土压实。通常的锚固方法有水平覆土锚固、V形槽覆土锚固、矩形槽覆土锚固等，如图7.1所示，也可采用混凝土灌注锚固。

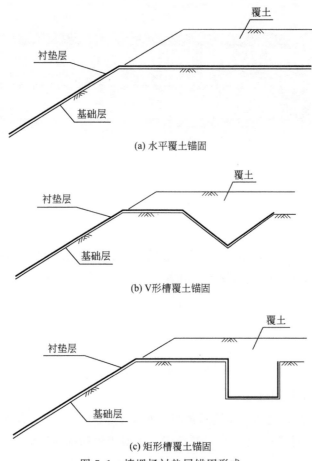

(a) 水平覆土锚固

(b) V形槽覆土锚固

(c) 矩形槽覆土锚固

图 7.1　填埋场衬垫层锚固形式

　　水平锚固方法将衬垫层拉到护道上，然后用土覆盖，这种方法通常不够牢固。V形槽锚固方法首先在护道一侧开挖 V 字形的槽，然后将衬垫层拉过护道并铺入槽中，填土覆盖，这种方法对开挖空间要求略大[118]。矩形锚固方法先开挖一矩形的槽，然后将衬垫层铺入槽中，填土覆盖。比较而言，矩形槽锚固方法安全性更好，应用较多。混凝土灌注锚固方法采用混凝土作为压重灌入锚固槽中。为了保证安全，在设计中应通过防渗膜的最大允许拉力计算[119]，确定槽深、槽宽、水平覆盖距离及覆土厚度等参数。

现行的垃圾填埋场相关规范标准对衬垫层锚固沟槽做了一些具体规定。《生活垃圾卫生填埋场防渗系统工程技术规范》(CJJ 113—2007)[25] 对边坡锚固平台和边坡顶部终场锚固沟的构造及设计给出了具体要求。边坡锚固平台典型结构如图 7.2 所示，边坡顶部终场锚固沟典型结构如图 7.3 所示，构造及尺寸要求如下。

① 锚固沟距离边坡边缘不宜小于 800mm。

② 锚固沟断面应根据锚固形式，结合实际情况加以计算，并不宜小于 800mm× 800mm。

③ 防渗系统工程材料转折处不得存在直角的刚性结构，均应做成弧形结构。

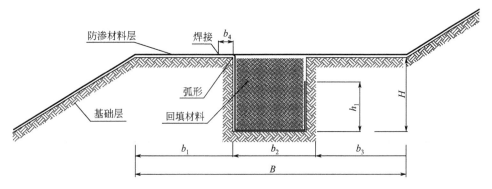

图 7.2　边坡锚固平台典型结构示意图

($b_1 \geqslant 800$mm，$b_2 \geqslant 800$mm，$b_3 \geqslant 1000$mm，$b_4 \geqslant 250$mm，

$B \geqslant 3000$mm，$H \geqslant 800$mm，$h_1 \geqslant H/3$)

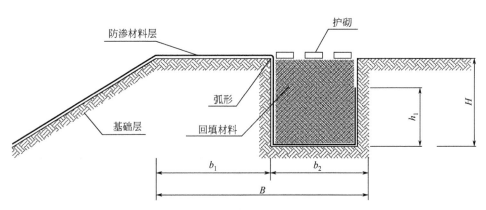

图 7.3　边坡顶部终场锚固沟典型结构示意图

($b_1 \geqslant 800$mm，$b_2 \geqslant 800$mm，$B \geqslant 2000$mm，$H \geqslant 800$mm，$h_1 \geqslant H/3$)

《生活垃圾卫生填埋处理技术规范》(GB 50869—2013)[28] 对衬垫材料的锚固做了如下规定。

① 在垂直高差较大的边坡铺设防渗材料时，应设锚固平台，平台高差应结合实际地形确定，不宜大于 10m，边坡坡度不宜大于 1：2。

② 防渗材料锚固方式可采用矩形覆土锚固沟，也可采用水平覆土锚固、V 形槽覆土锚固和混凝土锚固；岩石边坡、陡坡及调节池等混凝土上的锚固，可采用 HDPE 嵌钉土工膜、HDPE 型锁条、机械锚固等方式进行锚固。

③ 锚固沟距离边坡边缘不宜小于 800mm，防渗材料转折处不应存在直角的刚性结构，均应做成弧形结构，锚固沟断面应根据锚固形式，结合实际情况加以计算，不宜小于 800mm×800mm。

④ 锚固沟中压实度不得小于 93%。

⑤ 在特殊情况下，应对锚固沟的尺寸和锚固能力进行计算。

7.3 衬垫层锚固槽受力特性分析及锚固力计算

7.3.1 覆土式锚固槽

覆土式锚固槽通常将衬垫层边缘翻折在直接开挖或混凝土修筑的沟槽内，然后用覆土压实将其固定，因为上部覆土厚度可能不均，一般形式如图 7.4 所示。垃圾填埋场边坡之上的衬垫层因为垃圾填埋体的高压缩性和沉降变形，将受到向下的拖拽作用，对混凝土槽内的衬垫层形成拉力。敷设在混凝土槽内的衬垫层在外部拉力的作用下具有被拔出的趋势，上下界面将产生摩擦力用以抵抗外部拉力。覆土式锚固槽的锚固能力主要由衬垫层上下界面摩擦力提供，如果能提供的最大摩擦力大于外部拉力，两者将平衡，如果小于外部拉力，衬垫层将被从锚固槽内拔出，锚固作用失效，最终导致边坡上衬垫层发生失稳破坏。

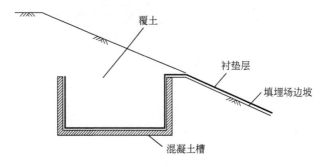

图 7.4 覆土式锚固槽结构示意图

衬垫层中起防渗作用的主要是防渗土工膜，土工膜有较大的抗拉强度和延伸率，能承受和适应填埋场地基及边坡一定的变形，但前提是要在边坡顶部以及中间平台处被牢固地锚固，不能发生拔出破坏，否则其隔绝渗滤液的功能将失效。衬垫层的土工布保护层是一种高分子短纤维化学材料，通过针刺或热粘成形，具有一定的抗拉强度和延伸性，也需要在锚固沟槽处被妥善固定，否则将失去保护土工膜的作用。这里首先将衬垫层作为一个整体进行分析，如图 7.5 所示，贴合于混凝土槽内表面的衬垫层受到覆土压力的作用。在拉力作用下，混凝土槽内衬垫层上下表面受到覆土和混凝土槽内表面的摩擦力作用，如图 7.6 所示。混凝土槽内底面部分衬垫层受到的覆土压力为：

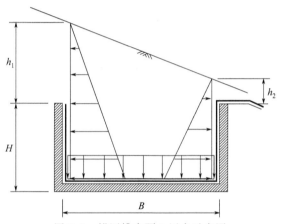

图 7.5　锚固槽内覆土压力示意图

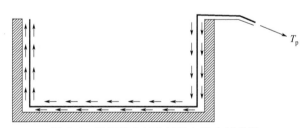

图 7.6　锚固槽内衬垫层轴向受力示意图

$$\overline{p}_0 = \frac{\gamma(H+h_1)+k\gamma(H+h_2)}{2} = \gamma\left(H + \frac{h_1+h_2}{2}\right) \tag{7.1}$$

式中　$\overline{p}_0$——混凝土槽底面平均土压力，kPa；

γ——覆土的容重，kN/m^3；

H——混凝土槽内侧高度，m；

h_1——混凝土槽左上部覆土厚度，m；

h_2——混凝土槽右上部覆土厚度，m。

混凝土槽内覆土对贴合于侧壁上的衬垫层的作用按照静止土压力考虑，计算如下：

$$\bar{p}_1 = \frac{k\gamma h_1 + k\gamma(H+h_1)}{2} = k\gamma\left(\frac{H}{2}+h_1\right) \tag{7.2}$$

$$\bar{p}_2 = \frac{k\gamma h_2 + k\gamma(H+h_2)}{2} = k\gamma\left(\frac{H}{2}+h_2\right) \tag{7.3}$$

$$k = 1 - \sin\phi \tag{7.4}$$

式中　$\bar{p}_1$、$\bar{p}_2$——混凝土槽左侧壁、右侧壁平均土压力，kPa；

$\quad\quad k$——覆土静止土压力系数；

$\quad\quad \phi$——覆土的内摩擦角，(°)。

混凝土槽内衬垫层受到覆土和混凝土槽内表面的摩擦作用，底面、左侧壁、右侧壁对应衬垫层受到的最大摩擦力可表示为：

$$T_{f0} = f\bar{p}_0 B \tag{7.5}$$

$$T_{f1} = f\bar{p}_1 H \tag{7.6}$$

$$T_{f2} = f\bar{p}_2 H \tag{7.7}$$

$$f = \tan\delta_a + \tan\delta_b \tag{7.8}$$

式中　T_{f0}、T_{f1}、T_{f2}——衬垫层在混凝土槽底面、左侧壁、右侧壁受到的最大摩擦力，kPa；

$\quad\quad B$——混凝土槽内侧底面宽度，m；

$\quad\quad f$——衬垫层上下表面合计摩擦系数；

$\quad\quad \delta_a$——覆土与衬垫层的摩擦角，(°)；

$\quad\quad \delta_b$——衬垫层与混凝土槽内表面的摩擦角，(°)。

将混凝土槽内底面、左侧壁、右侧壁对应衬垫层受到的最大摩擦力相加，并将上述各式代入可得锚固槽最大锚固力 T_f 为：

$$T_f = T_{f0} + T_{f1} + T_{f2}$$

$$= \gamma(\tan\delta_a + \tan\delta_b)\left\{(1-\sin\phi)\left[H^2 + (h_1+h_2)H\right] + \left[H + \left(\frac{h_1+h_2}{2}\right)\right]B\right\} \tag{7.9}$$

应用上述方法可针对衬垫层整体进行计算，也可以针对防渗膜进行计算。以防渗膜为计算对象时，应充分考虑防渗膜与土工布材料之间的摩擦特性。

7.3.2　混凝土灌注式矩形锚固槽

混凝土灌注式锚固方法一般先开挖一矩形槽，然后将衬垫层铺入槽中，将混凝土作为压重灌入槽中，形成对衬垫层的固定。这种混凝土灌注式矩形锚固槽在衬垫层拉力作用下的受力及变形见图 7.7、图 7.8，其受力变形过程可分为以下三个阶段。

① 锚固体的向上提拉。

② 锚固体向后方转动。

③ 达到极限状态，可能出现锚固体被向上拉出、锚固槽后方地基破坏、衬垫层被拔出等破坏形式。

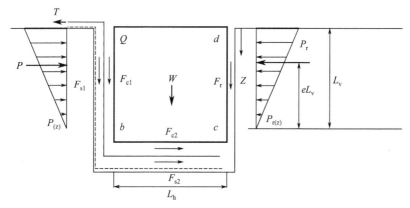

图 7.7 矩形截面锚固槽受力图式

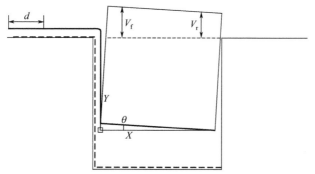

图 7.8 矩形截面锚固槽受力变形示意图

混凝土锚固体变位处于第一阶段时，防渗膜内初始拉力可表示如下：

$$T_0 = \mu P + \frac{W}{2} \tag{7.10}$$

式中 T_0——第一阶段防渗膜拉力；

μ——防渗膜与防渗膜前部材料层间摩擦系数；

P——锚固槽前面地基土压力的合力；

W——锚固体自重。

考虑锚固沟槽锚固能力的发挥机理，根据锚固体的力矩平衡条件，可得：

$$T = F_{s1} + W\sqrt{\frac{1+\alpha^2}{2}}\cos(\tan^{-1}\alpha + \theta) + e\alpha P_r \tag{7.11}$$

式中 T——防渗膜拉力；

F_{s1}——锚固槽前面防渗膜与土工布之间的摩擦力；

α——为锚固体的高宽比，$\alpha = L_v/L_h$；

θ——锚固体回转角，可由锚固体前方竖向位移 V_f 和锚固体后方竖向位移 V_r 以及两者间距离求出；

P_r——锚固体向后方回转时锚固槽后部地基反力的合力，可由被动土压力确定；

e——锚固槽后方地基反力合力作用点距锚固体底面高度的比例。

7.3.3 混凝土灌注式梯形锚固槽

对于混凝土灌注式锚固方法，为施工方便也可采用梯形断面锚固槽。这种混凝土灌注式梯形锚固槽在衬垫层拉力作用下的受力及变形见图 7.9、图 7.10。

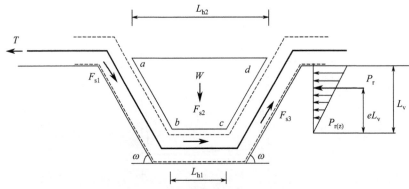

图 7.9 梯形截面锚固槽受力图式

考虑混凝土灌注式梯形锚固槽的受力变形过程，锚固承载力可确定如下。

① 防渗膜在拉力 T 作用下，在锚固体前方产生拔出位移。

② 在防渗膜内拉力持续作用下，锚固体前方被向上拉起产生竖向位移，绕 c 点向后方转动。锚固体开始转动后的瞬间，前竖向位移大于后方竖向位移，此时，根据锚固体绕 c 点的力矩平衡，可得式 (7.12)。

$$(T_0 - F_{s1})L_{h1}\sin\omega \geqslant W\frac{L_{h1}}{2} \tag{7.12}$$

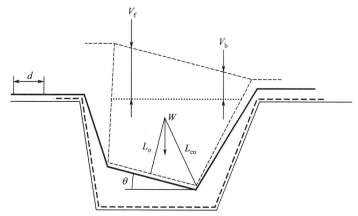

图 7.10 梯形截面锚固槽受力变形示意图

即：

$$T_0 = F_{s1} + \frac{W}{2\sin\omega} \tag{7.13}$$

式中 T_0——此阶段状态下防渗膜拉力；

F_{s1}——锚固体前方防渗膜与土工布之间的摩擦力（图中 F_{s2} 为锚固体底部防渗膜与土工布之间的摩擦力；F_{s3} 为锚固体后方防渗膜与土工布之间的摩擦力）；

W——锚固体重量；

ω——锚固槽侧面与水平面夹角；

L_{h1}——锚固体底面水平长度。

③ 锚固槽后方地基在锚固体转动时起阻碍作用并产生反力。随着反力增大，防渗膜端部的拉力也因此增大，在此过程中，防渗膜的拔出位移 d 以及锚固体各位置的竖直位移也逐渐增加。假定锚固体产生的倾角为 θ，可根据绕 c 点的力矩平衡建立计算式。这里假定锚固体形状为左右对称。

首先，求倒梯形锚固体重心距底边的距离为：

$$L_o = \frac{L_v(L_{h2} + 2L_{h1})}{3(L_{h2} + L_{h1})} \tag{7.14}$$

式中 L_o——锚固体重心距底边的距离；

L_{h2}——锚固体顶面水平长度；

L_v——锚固体竖直高度。

转动中心 c 点到锚固体重心的距离为：

$$L_{co} = \sqrt{\left(\frac{L_{h1}}{2}\right)^2 + \left[\frac{L_v(L_{h2}+2L_{h1})}{3(L_{h2}+L_{h1})}\right]^2} \tag{7.15}$$

锚固体倾角为 θ 时，根据锚固体绕 c 点的力矩平衡，有：

$$(T-F_{s1})L_{h1}\sin\omega = WL_{co}\cos\left(\tan^{-1}\frac{L_o}{L_{h1}/2}+\theta\right)+eL_vP_r \tag{7.16}$$

式中 T——防渗膜拉力；

$\quad\quad\theta$——锚固体回转角，可由锚固体前方竖向位移 V_f 和锚固体后方竖向位移 V_b 以及两者间距离求出；

$\quad\quad F_r$——锚固槽后方地基反力；

$\quad\quad e$——锚固槽后方地基反力合力作用点距锚固体底面高度的比例。

将式（7.16）变形可得：

$$TL_{h1}\sin\omega = F_{s1}L_{h1}\sin\omega + WL_{co}\cos\left(\tan^{-1}\frac{L_o}{L_{h1}/2}+\theta\right)+eL_vP \tag{7.17}$$

令 $L_v = \alpha L_{h1}$，$L_{h2} = \beta L_{h1}$，代入式（7.17）得：

$$T = F_{s1} + \frac{W}{\sin A}\sqrt{\frac{9(\beta+1)^2+\alpha^2(\beta+2)^2}{36(\beta+1)^2}}\cos\left\{\tan^{-1}\left[\frac{2\alpha(\beta+2)}{3(\beta+1)}\right]+\theta\right\}+e\alpha L_{h1}P_r \tag{7.18}$$

由式（7.18）可见，锚固体产生回转时，防渗膜拉力由锚固槽前部摩擦力、锚固体重量、锚固槽后方地基反力三个方面决定。据此，可以计算锚固槽在极限状态下的锚固承载力。

7.4 衬垫层新型锚固结构及受力特性试验研究

7.4.1 衬垫层新型锚固结构设计

垃圾填埋场传统沟槽锚固结构施工过程中需对沟槽侧壁及底面进行加固处理，工程量较大，衬垫层上覆土或混凝土浇筑，存在锚固力不足或养生工期较长的问题，且混凝土锚固体下衬垫层如发生破坏则维修加固困难。因此，提出了一种垃圾填埋场衬垫层新型装配式锚固结构，如图7.11所示，该锚固结构可采用预制装配施工，部件可进行标准化制作，能提高工作效率，缩短工期，解决传统沟槽锚固结构工程量大、工期长、维修加固困难等问题，同时兼具收集导排渗滤液功能。

新型装配式锚固结构的主体结构主要由三部分构成，即内部的锚固体、外部的

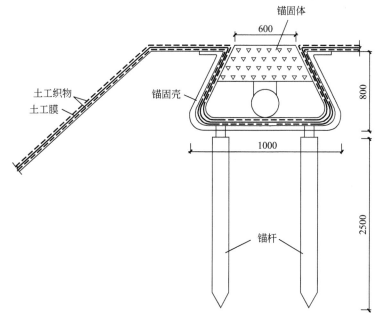

图 7.11　衬垫层新型锚固结构设计图（单位：mm）

锚固壳以及下部的锚杆。为提高锚固性能，锚固壳、锚固体侧壁设计为上部向内倾斜形式。施工过程中，先开挖沟槽并打入锚杆，然后将锚固壳分节段固定在锚杆之上，之后将由土工膜、土工布组成的衬垫层敷设在锚固壳内部并使其与内壁贴合，最后从锚固壳节段侧方插入锚固体，利用内部的锚固体、外部的锚固壳以及下部的锚杆之间的相互作用，实现对衬垫层的锚固作用。装配式结构应用于填埋场工程不仅可以减轻劳动强度，提升生产效率，摊薄建造成本，而且也符合工程建设趋势。锚固体和锚固壳可选择强度高、耐腐蚀性好的玻璃钢材料。在实现锚固功能的前提下，兼顾多用性，中空锚固体可同时作为渗滤液收集导排的管道。此新型锚固结构已提交了专利申请。

7.4.2　衬垫层新型锚固结构模型及试验材料

为评价新型锚固结构的锚固性能，验证其安全性和稳定性，制作了新型锚固结构的模型并进行了拉拔试验。锚固体与锚固壳试验模型的设计尺寸和实物如图7.12、图 7.13 所示。

作为衬垫层的土工合成材料，试验使用 HDPE 土工膜和无纺土工布，HDPE 土工膜厚 1.5mm，双面加糙，无纺土工布规格为 $400g/m^2$。试验前对 HDPE 土工膜和无纺土工布进行了拉伸试验。

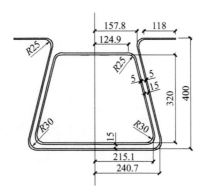

图 7.12 锚固壳与锚固体设计图（单位：mm）

图 7.13 锚固壳与锚固体实物模型

7.4.3 试验过程及方法

（1）试验模型组装及仪器调试　首先，准备土工合成材料衬垫层试样，包括一幅土工膜、两幅土工布，宽度均为 80cm，长度均为 250cm，如图 7.14 所示，并在试样端部安装夹具。然后，如图 7.15 所示，将锚固壳置于钢架底部纵梁上方，方向与钢架轴线方向垂直，调整钢架立柱位置使其夹紧锚固壳，然后用螺栓将其紧固于底部纵梁。将土工合成材料衬垫层试样按照土工布、土工膜、土工布的顺序依次敷设在锚固壳内部并贴合于锚固壳内表面，然后从横向插入锚固体将土工合成材料衬垫层固定。在锚固壳上部设置两根角钢，通过预留孔和螺栓连接，然后将角钢与钢架立柱绑定在一起。将衬垫层试样端部夹具两端置于角钢水平翼面之上，以角钢作为夹具移动的导轨，两者之间做润滑处理以尽量减小摩擦力对所施加拉力的影响。

112

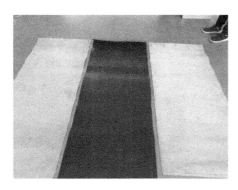

图 7.14　衬垫层试样准备

图 7.15　试验装置及模型组装

　　使用某公司 POP-M 型电动伺服缸作为加载组件，电动伺服缸水平方向设置，底座固定在钢横梁上，并通过调整钢横梁在立柱上的高度使其与衬垫层的伸出端夹具保持同一水平高度，如图 7.16 所示。衬垫层端部夹具与电动伺服缸端部通过荷载传感器连接，荷载传感器用于测量施加于衬垫层端部的拉力大小。在锚固体上表面两侧对角设置位移传感器，用以测量试验过程中锚固体因为衬垫层的提拉而产生的位置变化。

图 7.16　测量仪器安装调试

（2）加载及数据采集　对新型锚固结构进行拉拔加载试验，记录测试数据。试验步骤如下。

① 调整电动伺服缸伸出距离以拉紧衬垫层，采集系统位移、试验力清零，在衬垫层试样上标记控制点，作为衬垫层拔出长度的测点，如图 7.17 所示。

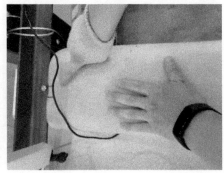

图 7.17　衬垫层试样控制点标记

② 开启电动伺服缸开始加载，以 2mm/min 的速度拖拽衬垫层施加拉力，采集系统自动记录拉力与拖拽距离数据，如图 7.18 所示。

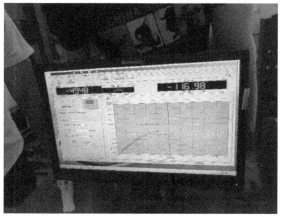

图 7.18　数据监控及采集

③ 试验过程中，观察锚固体位置变化情况，记录主要标志点变位值，如图 7.19 所示。

图 7.19　加载过程中细部变位的测量

④ 考虑加载设备安全，当拉力达到 5kN 时停止加载，测量衬垫层从锚固结构内的拔出量。

⑤ 以 3mm/min 的速度卸载直至拉力归零。测量衬垫层回缩值以及观察锚固体复位情况。

⑥ 将夹具从衬垫层试样材料端部解除，空载拖拽夹具以测量夹具与角钢导轨之间的摩擦力，以此修正试验中的拉力值。

对以下两种工况进行了试验，分别为：工况 1，牵拉土工膜（上下土工布自由）；工况 2，同时牵拉土工膜与上下土工布（三层材料端部用夹具夹紧）。

7.4.4 试验结果及分析

试验加载开始后，衬垫层在拉拔力作用下向上提拉锚固体，并使锚固体发生转动，锚固体顶面上升，靠近拉拔一侧上升幅度最大。如图 7.20 所示，当锚固体左上部与右下部抵住锚固壳后，停止上升和转动，右侧面与锚固壳贴合。拉力与位移关系如图 7.21 所示，由图可知，随着衬垫层的拔出，拉力逐渐增大，当拉拔位移超过 60～70mm 后，拉力增长幅度加大，原因可能为开始阶段锚固体发生转动变形，拉力上升较小，后期锚固体与锚固槽位置卡紧（图 7.20）后，衬垫层被挤压固定，使得锚固力大幅度增大。为了试验装置的安全，在拉力达到 5kN 时停止试验，此拉力值已超过一般工程实际水平（参见第 6 章），说明此项目设计的新型装配式锚固结构具有足够的锚固能力，能够满足工程需要。

图 7.20 加载后锚固结构的变形

对比工况 1 与工况 2 试验结果可以发现，两者拉力-位移曲线形状基本一致，但在拉力同样达到 5kN 条件下，工况 1 位移大于工况 2。相比工况 2 同时牵拉土工膜与上下土工布，工况 1 只对土工膜施加拉力，土工布处于自由状态，发生的剪切变形较大，导致土工膜出现的位移更大。由于土工布的模量比土工膜小很多，可以产生较大变形，实际填埋场条件下锚固端处的衬垫层可能介于工况 1 状态与工况 2 状态之间。

上述拉拔试验结果表明，所设计的新型装配式锚固结构能够充分发挥锚固作用，具有足够的锚固能力，试验现象所展现的锚固机理也与设计构想一致。

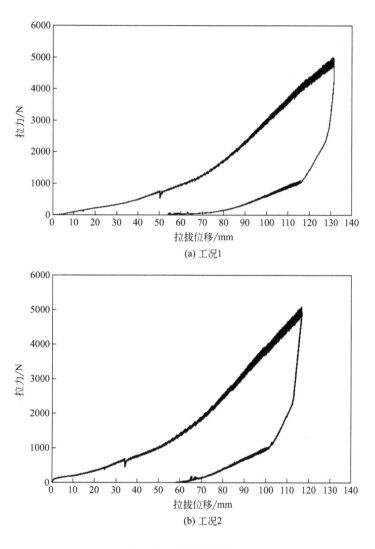

图 7.21　模型试验结果

7.5　小结

　　鉴于锚固结构在垃圾填埋场衬垫系统中的重要作用，针对传统覆土式、混凝土灌注式沟槽锚固结构的受力特性进行了分析，给出了锚固力计算公式，并提出了一种垃圾填埋场衬垫层新型锚固结构，进而对其开展了模型试验研究，研究结果可为提高垃圾填埋场衬垫层锚固结构设计的安全性和稳定性提供理论参考。对于传统覆土式、混凝土灌注式锚固结构，为增大锚固能力，混凝土槽内表面应做拉毛处理，土工膜可采用糙面类型以增大与其他材料的摩擦力。

　　本章提出的垃圾填埋场衬垫层新型锚固结构，经过模型试验测试具有足够的锚固能力，能够满足实际工程需要，可采用预制装配式施工，部件可进行标准化制作，能提高工作效率，缩短工期，解决传统沟槽锚固结构维修加固困难等问题，同时兼具收集导排渗滤液功能，有助于提升填埋场污染物处理能力。

附　　录

附录Ⅰ　材料界面参数确定方法

以 HDPE 土工膜/无纺土工布界面为例，介绍应用 Clough-Duncan 双曲线模型确定材料界面参数的方法，对于本书提出的考虑应变软化特性的本构新模型，峰值剪应力前阶段的参数也按此方法确定。

图Ⅰ.1 为常规直剪试验的结果。峰值剪应力与法向应力的关系如图Ⅰ.2 所示，通过最小二乘法求数据点的最佳拟合直线，由直线的斜率和截距可分别确定内摩擦角和黏聚力值。

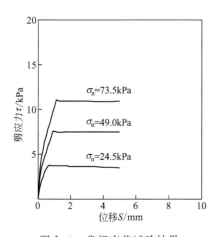

图Ⅰ.1　常规直剪试验结果
（HDPE 土工膜/无纺土工布）

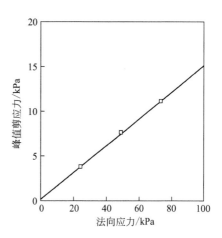

图Ⅰ.2　峰值剪应力与法向应力的关系

式(2.1) 可改写为：

$$\frac{S}{\tau} = a + bS \qquad (\text{I}.1)$$

将 S 和 S/τ 值分别绘制在直角坐标系的 x 轴和 y 轴上，如图 I.3 所示。通过最小二乘法求数据点的最佳拟合直线并绘制到坐标系下，由直线的斜率和截距可分别确定 a 和 b 值。然后通过式(2.3) 和式(2.4) 确定初始剪切刚度 E_i 和摩擦应力的渐近值 τ_{ult}。然后利用摩擦应力峰值 τ_p 由式(2.6) 确定破坏比 R_f。

在材料界面的常规直剪试验中，可以得到不同法向应力 σ_n 作用下的剪应力-相对位移曲线。对于每个法向应力，初始剪切刚度 E_i 可按上述方法确定。根据不同法向应力 σ_n 作用下的初始抗剪刚度 E_i，采用式(2.13) 确定参数 k、n 值。

通过对数变换，式(2.13) 可以改写为：

$$\ln E_i = \ln k \gamma_W + n \ln\left(\frac{\sigma_n}{P_a}\right) \qquad (\text{I}.2)$$

根据式(I.2)，利用法向应力 σ_n 和初始剪切刚度 E_i 计算 $\ln(\sigma_n/P_a)$ 和 $\ln E_i$ 的值并绘制到 x 和 y 轴上，如图 I.4 所示（大气压力 P_a 为定值）。通过最小二乘法求数据点的最佳拟合直线，由直线斜率确定参数 n 的值，由直线的截距确定 $\ln(k\gamma_W)$ 值，因为水的单位重量为常数，可以确定参数 k 的值。

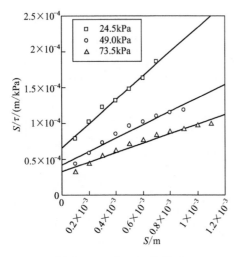

图 I.3　S 与 S/τ 的关系

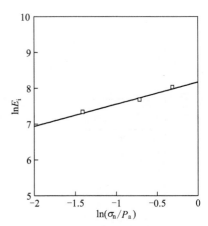

图 I.4　初始剪切刚度 E_i 与

法向应力 σ_n 的关系

附录Ⅱ 土工合成材料界面应变软化特性本构新模型有限元计算程序代码

1. 主要变量介绍

nAgNSP：计算步

dbLcDELN：本步法向位移

dbLcDELS：本步切向位移

dbAgDISPV2：累计法向位移

dbAgDISPS2：累计切向位移

dbLcDSIG：本步法向应力

dbLcDTAU：本步剪切应力

dbAgSIGN2：累计法向应力

dbAgTAUS2：累计剪切应力

dbAgPI：圆周率 π

nLcNYSS2：是否应变软化，0：否、1：是

dbayAgPK：界面峰值剪应力前阶段剪切刚度计算式中系数 k，可由不同正应力下的试验结果确定

dbayAgPN：界面界面峰值剪应力前阶段剪切刚度计算式中系数 n，可由不同正应力下的试验结果确定

dbAgRF3，dbAgRF4：破环比（3、4 为界面类型编号）

dbAgC2：峰值剪应力对应黏聚力 c_p

dbayAgPHI2：峰值剪应力对应内摩擦角 ϕ_p

dbayAgPK1：残余剪应力阶段剪切刚度计算式中系数 k'，可由不同正应力下的试验结果确定

dbayAgPN1：残余剪应力阶段剪切刚度计算式中系数 n'，可由不同正应力下的试验结果确定

dbAgCR2：残余剪应力对应黏聚力 c_r

dbayAgPHIR2：残余剪应力对应内摩擦角 ϕ_r

2. 程序代码

```
SUBROUTINE CALSTPSTRMATPROJNTELM(dbAgRF3,dbAgRF4,dbAgPI,nAgNUME
*,dbAgBETA2,dbayAgPHI2,dbayAgPHIR2,nayAgIPT,nAgLSC,dbayAgNLSC
```

121

```
     *,dbayAgUU,dbayAgVV,dbAgEMT2,dbAgdbAgSK2,dbAgSIGN2,dbAgTAUS2

     *,dbAgDISPV2,dbAgDISPS2,dbAgEKSI2,dbAgC2,dbAgCR2,nAgNMTR2

     *,dbAgEPS2,dbAgE2,nAgNSP,dbayAgPK,dbayAgPN,nayAgNYSS,dbayAgPK1

     *,dbayAgPN1,nAgNYWR)


     IMPLICIT DOUBLE PRECISION(A-H,O-Z)
     DIMENSION dbayLcU(8),dbayAgUU(4),dbayAgVV(4),nayAgIPT(8),
     *      dbayAgNLSC(nAgLSC)
     DIMENSION dbayAgPK(5),dbayAgPN(5),nayAgNYSS(5),dbayAgPK1(5),
     *           dbayAgPN1(5)


c -----初始位移清零(仅第一步)
     IF(nAgNSP.EQ.1)THEN
      dbAgDISPV2 = 0.D0
      dbAgDISPS2 = 0.D0
     END IF
c -----坐标变换(由总体到局部)
     CALL TRNDISGROTOLOC(dbAgPI,4,dbAgBETA2,nayAgIPT,nAgLSC,
     *      dbayAgNLSC,dbayAgUU,dbayAgVV,dbayLcU)
c -----本步位移、应力清零
     dbLcDELN = 0.D0
     dbLcDELS = 0.D0
     dbLcDTAU = 0.D0
     dbLcDSIG = 0.D0
c -----计算本步 δn、δs
     dbLcDELS = 0.5D0 * (dbayLcU(5)-dbayLcU(3))
     *           + 0.5D0 * (dbayLcU(7)-dbayLcU(1))
     dbLcDELN = 0.5D0 * (dbayLcU(6)-dbayLcU(4))
     *           + 0.5D0 * (dbayLcU(8)-dbayLcU(2))


c ------计算本步 σn AND τs
```

122

```
    dbLcDTAU = dbLcDELS * dbAgSK2

    dbLcDSIG = dbLcDELN * dbAgEMT2


c -----计算累计位移、应力

    dbAgDISPS2 = dbAgDISPS2 + dbLcDELS

    dbAgDISPV2 = dbAgDISPV2 + dbLcDELN

    dbAgTAUS2 = dbAgTAUS2 + 1. D0 * dbLcDTAU

    dbAgSIGN2 = dbAgSIGN2 + dbLcDSIG


    IF(dbLcDELN. GT. 0. 0D0)THEN

      dbAgEMT2 = 1. 0D-03

    ELSE

      dbAgEMT2 = dbAgE2

    END IF


c -----内摩擦角单位转换

    dbLcFI = dbAgPI * dbayAgPHI2/180. D0

    dbLcFIR = dbAgPI * dbayAgPHIR2/180. D0


c -----参数计算赋值

    dbLcFSP = (dbAgC2 + ABS(dbAgSIGN2) * TAN(dbLcFI))

    dbLcFSR = (dbAgCR2 + ABS(dbAgSIGN2) * TAN(dbLcFIR))

    IF(nAgNMTR2. EQ. 3)THEN

       dbayAgRF = dbAgRF3

       nLcNYSS2 = nayAgNYSS(3)

       dbLcEEKSI = dbayAgPK(3) * 10 * ((ABS(dbAgSIGN2)/100) * * dbayAgPN(3))

       dbLcEEKSI1 = dbayAgPK1(3) * 10 * ((ABS(dbAgSIGN2)/100) * * dbayAgPN1(3))

      ELSE IF(nAgNMTR2. EQ. 4)THEN

       dbayAgRF = dbAgRF4

       nLcNYSS2 = nayAgNYSS(4)

       dbLcEEKSI = dbayAgPK(4) * 10 * ((ABS(dbAgSIGN2)/100) * * dbayAgPN(4))

       dbLcEEKSI1 = dbayAgPK1(4) * 10 * ((ABS(dbAgSIGN2)/100) * * dbayAgPN1(4))

      END IF
```

```
c -----峰值摩擦力以前
    dbLcSP = dbLcFSP/((1-dbayAgRF) * dbLcEEKSI)


c -----峰值摩擦力以前
  IF(ABS(dbAgDISPS2).LT.dbLcSP)THEN
    dbLcCK = dbayAgRF * ABS(dbAgTAUS2)
  *        /(dbAgC2 + ABS(dbAgSIGN2) * TAN(dbLcFI))
    IF(dbLcCK.GT.1.D0)THEN
      dbLcCK = 1.0
    END IF
    dbLcDELSK2 = 1.D0-dbLcCK
    dbAgSK2 = dbLcEEKSI * dbLcDELSK2 * dbLcDELSK2
  END IF


c -----峰值摩擦力以后
  IF(ABS(dbAgDISPS2).GE.dbLcSP)THEN
    IF(nLcNYSS2.EQ.1)THEN
        IF((dbLcFSP-dbLcFSR).EQ.0)THEN
      dbayLcB1 = 10000000000000
      ELSE
      dbayLcB1 = 1/(dbLcFSP-dbLcFSR)
      dbLcDELSK2 = 1-dbayLcB1 * (dbLcFSP-ABS(dbAgTAUS2))
      dbAgSK2 = dbLcDELSK2 * dbLcDELSK2 * dbLcEEKSI1
    END IF
  END IF
    IF(nLcNYSS2.EQ.0)THEN
      dbAgSK2 = 0
  END IF
END IF


    IF(nAgNYWR.EQ.1)THEN
      WRITE(11,800)nAgNUME,nAgNMTR2,
```

```
      *    (dbayLcU(nLcI),nLcI = 1,8),dbLcDTAU,dbLcDSIG,dbLcDELS,dbLcDELN
800   FORMAT(1X,2I3,2X,8F15.12,2X,4F15.12)
      END IF
      RETURN
      END
```

坐标变换计算子程序:

```
SUBROUTINE TRNDISGROTOLOC(dbAgPI,nAgNOD,dbAgBETA2,nayAgIPT,
      *    nAgLSC,dbayAgNLSC,dbayAgUU,dbayAgVV,dbayAgU)
      IMPLICIT DOUBLE PRECISION(A-H,O-Z)
      DIMENSION dbayAgUU(4),dbayAgVV(4),dbayLcU1(8),dbayAgU(8),
      *          dbayLcT(8,8),nayAgIPT(4),dbayAgNLSC(nAgLSC)

c -----初始清零
      DO 10 I4 = 1,8
            dbayLcU1(I4) = 0.0D0
            dbayAgU(I4) = 0.0D0
   10 CONTINUE

      DO 20 I4 = 1,nAgNOD
         dbayLcU1(2 * I4-1) = dbayAgUU(I4)
         dbayLcU1(2 * I4) = dbayAgVV(I4)
   20 CONTINUE

c -----计算坐标变换矩阵系数
      CALL TRNCRD(dbAgPI,nAgNOD,dbAgBETA2,dbayLcT)

c -----考虑斜坡边界条件
      DO 30 I4 = 1,nAgNOD
        DO 40 J4 = 1,nAgLSC
          IF(nayAgIPT(I4).EQ.dbayAgNLSC(J4))THEN
            nLcI1 = 2 * I4-1
```

```
            nLcI2 = 2 * I4
            dbayLcT( nLcI1, nLcI1) = 1. D0
            dbayLcT( nLcI2, nLcI2) = 1. D0
            dbayLcT( nLcI1, nLcI2) = 0. D0
            dbayLcT( nLcI2, nLcI1) = 0. D0
         END IF
   40   CONTINUE
   30 CONTINUE


c -----由总体到局部变换
      DO 50 I4 = 1, 2 * nAgNOD
        DO 60 K1 = 1, 2 * nAgNOD
            dbayAgU( I4) = dbayAgU( I4) + dbayLcT( I4, K1) * dbayLcU1( K1)
   60   CONTINUE
   50 CONTINUE
      RETURN
      END


计算坐标变换矩阵子程序:
SUBROUTINE TRNCRD( dbAgPI, nAgNOD, dbAgBETA2, dbayAgT)
      IMPLICIT DOUBLE PRECISION( A-H, O-Z)
      DIMENSION dbayAgT( 8, 8)
c -----坐标变换矩阵初始清零(8×8)
      DO 100 nLcI = 1, 8
        DO 110 nLcJ = 1, 8
           dbayAgT( nLcI, nLcJ) = 0. 0D0
   110  CONTINUE
   100 CONTINUE
c -----角度单位转换
      dbLcBTR = dbAgPI * dbAgBETA2/180. 0D0
c -----坐标变换矩阵系数(8×8)
      DO 130 nLcI = 1, nAgNOD
        dbayAgT( 2 * nLcI-1, 2 * nLcI-1) = COS( dbLcBTR)
```

```
      dbayAgT(2 * nLcI,2 * nLcI) = COS(dbLcBTR)
c

      dbayAgT(2 * nLcI-1,2 * nLcI) = SIN(dbLcBTR)

      dbayAgT(2 * nLcI,2 * nLcI-1) = -SIN(dbLcBTR)
130 CONTINUE
      RETURN
      END
```

附录Ⅲ　土工合成材料界面应变软化特性本构新模型应用于 Abaqus 软件用户子程序代码

1. 主要变量介绍

（1）传入变量

CHRLNGTH：界面单元尺寸的典型长度，通常在定义可允许的弹性滑移变形中用到

CINAME：用户自定义的接触特性名称

DGAM（NFDIR）：如果允许界面之间有相对滑移变形，该数组传入增量滑移变形

DPRESS：接触压力增量

MSNAME：主控面名称

NFDIR：接触方向个数，二维为 1，三维为 2

NSTATV：状态变量个数

NPROPS：用户自定义参数个数

PRESS：增量步结束时的接触压力

PROPS（NPROPS）：用户自定义界面摩擦模型的参数数组

SLIP（NFDIR）：增量步开始时的总塑性滑移变形，为 DSLIP（NFDIR）的累计值

SLNAME：从属面名称

TAULM（NFDIR）：如果界面处于黏结状态，该数组返回接触节点上的剪应力，否则为 0。通过该数组中的值和所允许的临界剪应力相比较，可以判断什么时候从黏结状态变化到滑移状态

（2）返回变量

LM：反映相对移动状态的标记变量，0 为滑移，1 为黏结，2 为脱开。

Abaqus 首先传入上一次迭代的 LM 值，用户根据界面状态更新 LM：如果允许接触节点之间出现相对滑移（不管是弹性滑移变形还是塑性滑移变形），令 LM＝0。此时，FRIC 程序中必须给出相应的摩擦力，三维情况下为两个方向上的摩擦力。如果不允许相对滑移，令 LM＝1，此时，不需要定义其他的变量，Abaqus 会应用拉格朗日乘子法确保接触点之间没有相对位移。如果一直令 LM＝1，则对应完全理想粗糙的状态。当摩擦忽略不计时，令 LM＝2。如果一直令 LM＝2，则为理想光滑状态，此时也无须定义其他变量。为了避免计算不收敛，如果在上一级增量步中发现接触点是脱开的，ABAQUS 会令 LM＝2，此时简单地用 return 语句退出 FRIC 程序即可

TAU（NFDIR）：增量步开始时的界面剪力

DDTDDG（NFDIR，NFDIR）：剪切刚度系数矩阵

DSLIP（NFDIR）：增量塑性滑移，如果 LM 在上一级迭代中设置为 0，该数组返回传入用户在上一级迭代中定义的大小，否则为 0。该数组只应在 LM＝0 的情况下更新

STATEV（NSTATV）：求解状态变量数组

（3）局部变量

FKa1，FKa2：界面峰值剪应力前阶段剪切刚度计算式中系数 k，1、2 代表 x、y 方向，可由不同正应力下的试验结果确定

FNa：界面界面峰值剪应力前阶段剪切刚度计算式中系数 n，可由不同正应力下的试验结果确定

FRF：破坏比

FCa：峰值剪应力对应黏聚力 c_p

FFAIa：峰值剪应力对应内摩擦角 ϕ_p

FKb1，FKb2：残余剪应力阶段剪切刚度计算式中系数 k'，1、2 代表 x、y 方向，可由不同正应力下的试验结果确定

FNb：残余剪应力阶段剪切刚度计算式中系数 n'，可由不同正应力下的试验结果确定

FCb：残余剪应力对应黏聚力 c_r

FFAIb：残余剪应力对应内摩擦角 ϕ_r

FGW：水的单位容重

FPA：标准大气压力

2. 用户子程序代码

```
SUBROUTINE FRIC(LM,TAU,DDTDDG,DDTDDP,DSLIP,SED,SFD,
    1 DDTDDT,PNEWDT,STATEV,DGAM,TAULM,PRESS,DPRESS,DDPDDH,SLIP,
    2 KSTEP,KINC,TIME,DTIME,NOEL,CINAME,SLNAME,MSNAME,NPT,NODE,
    3 NPATCH,COORDS,RCOORD,DROT,TEMP,PREDEF,NFDIR,MCRD,NPRED,
    4 NSTATV,CHRLNGTH,PROPS,NPROPS)
C
    INCLUDE 'ABA_PARAM. INC'
C
    CHARACTER * 80 CINAME,SLNAME,MSNAME
C
    DIMENSION TAU(NFDIR),DDTDDG(NFDIR,NFDIR),DDTDDP(NFDIR),
    1 DSLIP(NFDIR),DDTDDT(NFDIR,2),STATEV( * ),DGAM(NFDIR),
    2 TAULM(NFDIR),SLIP(NFDIR),TIME(2),COORDS(MCRD),
    3 RCOORD(MCRD),DROT(2,2),TEMP(2),PREDEF(2, * ),PROPS(NPROPS)
      IF(LM . EQ. 2)RETURN
C     如果接触点脱开(拉裂)退出 FRIC 程序,无须更新变量

    FKa1 = PROPS(1)
    FKa2 = PROPS(1)
    FNa = PROPS(2)
    FRF = PROPS(3)
    FCa = PROPS(4)
    FFAIa = TAN(PROPS(5)/180. * 3.1415926)
    FKb1 = PROPS(6)
    FKb2 = PROPS(6)
    FNb = PROPS(7)
    FCb = PROPS(8)
    FFAIb = TAN(PROPS(9)/180. * 3.1415926)
    FGW = PROPS(10)
    FPA = PROPS(11)
C     模型参数赋值
```

```
        XPRESS = PRESS-DPRESS
C    得到增量步开始时的界面压力


     IF(XPRESS.LT.1.)THEN
        XPRESS = 1.
     END IF
C    若压力过小,取一小值


     dbLcTAU = FCa + XPRESS * FFAIa


     dbLcKGWa1 = FKa1 * FGW * ((XPRESS/FPA) * * FNa)
     dbLcKGWb1 = FKb1 * FGW * ((XPRESS/FPA) * * FNb)
     dbLcSP1 = dbLcTAU/((1-FRF) * dbLcKGWa1)
     IF(SLIP(1).LE.dbLcSP1)THEN
        dbLcFEIa1 = FRF * ABS(TAU(1))/dbLcTAU
        IF(dbLcFEIa1.GE.0.99)dbLcFEIa1 = 0.99
        XK1 = (1-dbLcFEIa1) * * 2 * dbLcKGWa1
     ELSE
        dbLcFEIb1 = (dbLcTAU-ABS(TAU(1)))/((FCa-FCb) + XPRESS * (FFAIa-FFAIb))
        IF(dbLcFEIa1.GE.0.99)dbLcFEIa1 = 0.99
        XK1 = (1-dbLcFEIb1) * * 2 * dbLcKGWb1
     END IF


     dbLcKGWa2 = FKa2 * FGW * ((XPRESS/FPA) * * FNa)
     dbLcKGWb2 = FKb2 * FGW * ((XPRESS/FPA) * * FNb)
     dbLcSP2 = dbLcTAU/((1-FRF) * dbLcKGWa2)
     IF(SLIP(2).LE.dbLcSP2)THEN
        dbLcFEIa2 = FRF * ABS(TAU(2))/dbLcTAU
        IF(dbLcFEIa2.GE.0.99)dbLcFEIa2 = 0.99
        XK2 = (1-dbLcFEIa2) * * 2 * dbLcKGWa2
     ELSE
        dbLcFEIb2 = (dbLcTAUa-ABS(TAU(2)))/((FCa-FCb) + XPRESS * (FFAIa-FFAIb))
```

```
        IF(dbLcFEIb2.GE.0.99)dbLcFEIb2 = 0.99

        XK2 = (1-dbLcFEIb2) * * 2 * dbLcKGWa2

    END IF
```

C　　得到两个方向上界面剪切刚度

```
        LM = 0
```

C　　允许滑移

```
        TAU(1) = TAU(1) + XK1 * DGAM(1)

        TAU(2) = TAU(2) + XK2 * DGAM(2)

        DDTDDG(1,1) = XK1

        DDTDDG(2,2) = XK2

        DDTDDG(1,2) = 0.0

        DDTDDG(2,1) = 0.0
```

C　　对刚度系数矩阵赋值

```
        RETURN

        END
```

参考文献

[1] 陈云敏. 环境土工基本理论及工程应用 [J]. 岩土工程学报，2014，36（1）：1-46.

[2] 中国国家统计局. 国家数据. 2018. http://data.stats.gov.cn.

[3] 杨晗熠，吴育华. 组合预测模型在城市垃圾产量预测中的研究与应用 [J]. 北京理工大学学报：社会科学版，2009，11（2）：54-57.

[4] Trzcinski A P, Stuckey D C. Effect of Sparging Rate On Permeate Quality in a Submerged Anaerobic Membrane Bioreactor (SAMBR) Treating Leachate From the Organic Fraction of Municipal Solid Waste (OFMSW) [J]. Journal of Environmental Management, 2016, 168: 67-73.

[5] Ogata Y, Ishigaki T, Ebie Y, et al. Water Reduction by Constructed Wetlands Treating Waste Landfill Leachate in a Tropical Region [J]. Waste Management, 2015, 44: 164-171.

[6] 坪井正行，宮地秀樹，野本哲也，等. 廃棄物処分場遮水シートに発生する熱応力の評価 [J]. 土木学会論文集，1998，603（Ⅲ-44）：147-155.

[7] 坪井正行，今泉繁良，宮地秀樹. ジオメンブレンの応力緩和特性に関する研究 [J]. ジオシンセテイックスシンポジウム論文集，1998，13：148-155.

[8] Zornberg J G, Giroud J P. Uplift of Geomembranes by Wind-Extension of Equations [J]. Geosynthetics International, 1997, 4（2）: 187-207.

[9] Gourc J P, Fourier J, Berroir G, et al. Assessment of Lining Systems Behaviour On Slope [C]. Proc of the Sixth International Landfill Symposium, 1997: 495-506.

[10] Kanou H, Doi Y, Imaizumi S, et al. Evaluation of Geomembrane Stress On Side Slope Caused by Settlement of Wastes [C]. Proc of the Sixth International Landfill Symposium, 1997: 525-534.

[11] 邓学晶，孔宪京，刘君. 城市垃圾填埋场的地震响应及稳定性分析 [J]. 岩土力学，2007，(10)：2095-2100.

[12] Feng S, Chen Y, Gao L, et al. Translational Failure Analysis of Landfill with Retaining Wall Along the Underlying Liner System [J]. Environmental Earth Sciences, 2010, 60 (1): 21.

[13] Srivastava S, Ramanathan A L. Geochemical Assessment of Groundwater Quality in Vicinity of Bhalswa Landfill, Delhi, India, Using Graphical and Multivariate Statistical Methods [J]. Environmental Geology, 2008, 53 (7): 1509.

[14] Trivedi A, Sud V. Settlement of Compacted Ash Fills [J]. Geotechnical and Geological Engineering, 2007, 25 (2): 163.

[15] Hossain M, Haque M. Stability Analyses of Municipal Solid Waste Landfills with Decomposition [J]. Geotechnical and Geological Engineering, 2009, 27 (6): 659.

[16] 陈云敏，陈若曦，朱斌，等. 下卧土体局部沉陷条件下复合衬垫系统的受力变形性能及设计 [J]. 岩土工程学报，2008，(1)：21-27.

[17] 邓学晶，邹德高，孔宪京. 城市垃圾填埋场振动台试验的数值模拟研究 [J]. 岩土力学，2012，(2)：623-627.

[18] 社団法人産業環境管理協会. リサイクル技術等実用化支援研究（ⅱ）成果報告書「廃棄

物最終処分場における合成繊維利用技術開発」[R]. 1997.

[19] Chang M. Three-Dimensional Stability Analysis of the Kettleman Hills Landfill Slope Failure Based On Observed Sliding-Block Mechanism [J]. Computers and Geotechnics，2005，32 (8)：587-599.

[20] Mitchell J K，Seed R B，Seed H B. Kettleman Hills Waste Landfill Slope Failure Ⅰ：Liner-System Properties [J]. J Geotech Engng Div ASCE，1990，116 (4)：647-668.

[21] Mitchell J K，Seed R B，Seed H B. Kettleman Hills Waste Landfill Slope Failure. Ⅱ：Stability Analyses [J]. J Geotech Engng Div ASCE，1990，116 (4)：669-689.

[22] Merry S M，Kavazanjian E J，U F W. Reconnaissance of the July 10，2000，Payatas Landfill Failure [J]. Journal of Performance of Constructed Facilities，2005，19 (2)：100-107.

[23] 周敬超. HDPE 土工膜在城市生活垃圾卫生填埋场中的应用 [J]. 水利水电科技进展，2003，(3)：53-56.

[24] Bouazza A，Vanimpe W F. Liner Design for Waste Disposal Site [J]. Environmental Geology，1998，35：41-54.

[25] 中华人民共和国建设部. 生活垃圾卫生填埋场防渗系统工程技术规范 (CJJ 113—2007) [S]. 北京：中国建筑工业出版社，2007.

[26] 中华人民共和国住房和城乡建设部. 生活垃圾卫生填埋场运行维护技术规程 (CJJ 93—2011) [S]. 北京：中国建筑工业出版社，2011.

[27] 中华人民共和国住房和城乡建设部. 生活垃圾卫生填埋场岩土工程技术规范 (CJJ 176—2012) [S]. 北京：中国建筑工业出版社，2012.

[28] 中华人民共和国住房和城乡建设部. 生活垃圾卫生填埋处理技术规范 (GB 50869—2013) [S]. 北京：中国计划出版社，2013.

[29] 陈云敏，冯世进，孔宪京，等. 城市固体废弃物的动力特性及参数确定 [J]. 土木工程学报，2006，(5)：90-95.

[30] 孙秀丽，孙秀伟，金立乔. 城市生活垃圾变形特性影响因素的试验研究 [J]. 安全与环境学报，2011，11 (5)：94-98.

[31] 冯世进，周子范，陈云敏，等. 城市固体废弃物剪切强度参数的研究 [J]. 浙江大学学报：工学版，2005 (7)：987-991.

[32] 胡敏云，陈云敏. 城市生活垃圾填埋场沉降分析与计算 [J]. 土木工程学报，2001，(6)：88-92.

[33] 刘疆鹰，徐迪民，赵由才，等. 城市垃圾填埋场的沉降研究 [J]. 土壤与环境，2002，(2)：111-115.

[34] 张振营，陈云敏. 城市垃圾填埋场沉降模型的研究 [J]. 浙江大学学报：工学版，2004，(9)：61-64.

[35] 柯瀚，陈云敏. 填埋场封场后的次沉降计算 [J]. 岩土工程学报，2003，(6)：742-746.

[36] 陈云敏，王立忠，胡亚元，等. 城市固体垃圾填埋场边坡稳定分析 [J]. 土木工程学报，2000，(3)：92-97.

[37] 方玲. 垃圾填埋场边坡稳定性数值模拟研究 [D]. 泉州：华侨大学，2008.

[38] 刘晓立. 降雨渗流作用下垃圾填埋场边坡稳定分析 [D]. 天津：天津大学，2006.

[39] 邱纲，梁力，孙洪军. 生物降解下垃圾填埋场的边坡稳定性 [J]. 东北大学学报：自然科学版，2013，(10)：1495-1498.

[40] 王旭升，席永慧，申青峰.填埋场边坡稳定性的极限平衡法与数值模拟分析 [J].建筑施工，2013，(1)：17-19.

[41] 詹良通，罗小勇，陈云敏，等.垃圾填埋场边坡稳定安全监测指标及警戒值 [J].岩土工程学报，2012，(7)：1305-1312.

[42] 张广年.降雨入渗作用下填埋场边坡稳定性研究进展 [J].科协论坛（下半月），2013，(1)：24-25.

[43] 张文杰，林伟岸，陈云敏.垃圾填埋场孔压监测及边坡稳定性分析 [J].岩石力学与工程学报，2010，S2：3628-3632.

[44] 刘毓氚，李琳，贺怀建.城市固体废弃物填埋场的岩土工程问题 [J].岩土力学，2002，(5)：618-621.

[45] 袁建新.环境岩土工程问题综述 [J].岩土力学，1996，(2)：88-93.

[46] Koerner R M，Hwu B. Stability and Tension Considerations Regarding Cover Soils On Geomembrane Lined Slopes [J]. Geotextiles and Geomembranes，1991，10（4）：335-355.

[47] Koerner R M. Designing with Geosynthetics (4th Edition) [M]. Upper Saddle River：Prentice Hall，1998.

[48] Imaizumi S，Yokoyama Y，Takahashi S，et al. Experimental Study On Behavior of Multi-Layered Geosynthetics [C]. Proceedings of the 1st European Geosynthetics Conference，1996：183-188.

[49] 許四法，今泉繁良.最終処分場斜面に敷設した遮水シートの固定部に働く引込み張力の評価 [J].土木学会論文集，2004，778（Ⅲ-69）：73-84.

[50] Villard P，Gourc J P，Feki N. Analysis of Geosynthetic Liner Systems (GLS) Undergoing Large Deformations [J]. Geotextiles and Geomembranes，1999，17（1）：17-32.

[51] Palmeira E M，Lima N R J，Mello L G R. Interaction Between Soils and Geosynthetic Layers in Large-Scale Ramp Tests [J]. Geosynthetics International，2002，9（2）：149-187.

[52] Xu S F，Imaizumi S. Study on Drag Force Evaluation of the Liner Sheet with a Change of Slope Angle [C]. Proceedings Sardinia 2003，Ninth International Waste Management and Landfill Symposium，2003：W5.

[53] 許四法，今泉繁良.傾斜角の異なる斜面に敷設された遮水工の引き込み張力 [J].ジオシンセティックス論文集，2003，18：49-54.

[54] 施建勇，钱学德，朱保坤.多层复合衬垫界面非线性强度特性的斜面单剪试验 [J].河海大学学报：自然科学版，2013，(4)：315-320.

[55] 施建勇，钱学德，朱月兵.垃圾填埋场复合衬垫剪切特性单剪试验研究 [J].岩土力学，2010，(4)：1112-1117.

[56] 钱学德，施建勇，刘慧，等.垃圾填埋场多层复合衬垫的破坏面特征 [J].岩土工程学报，2011，33（6）：840-845.

[57] 施建勇，钱学德，朱月兵.垃圾填埋场土工合成材料的界面特性试验方法研究 [J].岩土工程学报，2010，(5)：688-692.

[58] 林伟岸，张宏伟，詹良通，等.土工膜/土工织物界面大型斜坡模型试验研究 [J].岩土工程学报，2012，(10)：1950-1956.

[59] 徐光明，章为民，彭功勋.HDPE 膜的力学特性受损伤影响初步研究 [J].河海大学学报：自然科学版，2004，(1)：76-80.

[60] 彭功勋，施建勇.卫生填埋场室内离心模拟试验研究 [J].河海大学学报：自然科学版，2003，(2)：171-174.

[61] 施建勇，朱俊高，彭功勋.垃圾土变形特性及防渗膜受力的试验研究 [J].有色冶金设计与研究，2007，28 (2)：144-146.

[62] 陈继东，施建勇，彭功勋.垃圾填埋场防渗衬垫特性的离心模型试验与数值分析研究 [J].建筑科学，2011，27 (1)：65-67.

[63] 张宏伟.填埋场斜坡上土工膜受力特性离心模型试验研究 [D].杭州：浙江大学，2013.

[64] 林伟岸，张宏伟，詹良通，等.填埋场斜坡上土工膜受力特性的离心模型试验研究 [J].岩土工程学报，2013，35 (12)：2268-2275.

[65] 邓学晶，孔宪京，邹德高.复杂荷载作用下填埋场 HDPE 土工膜受拉计算 [J].岩土工程学报，2007，(3)：447-451.

[66] Kodikara J. Analysis of Tension Development in Geomembranes Placed On Landfill Slopes [J]. Geotextiles and Geomembranes，2000，18 (1)：47-61.

[67] 张鹏，王建华，陈锦剑.土工织物拉拔试验中筋土界面力学特性 [J].上海交通大学学报，2004，(6)：999-1002.

[68] 张鹏，王建华，陈锦剑.垃圾填埋场边坡上土工膜的拉力与位移分析 [J].岩土力学，2004，(5)：789-792.

[69] 林伟岸，朱斌，陈云敏，等.考虑界面软化特性的垃圾填埋场斜坡上土工膜内力分析 [J].岩土力学，2008，(8)：2063-2069.

[70] 冯世进，高丽亚，王印.垃圾填埋场边坡上土工膜的受力分析 [J].岩土工程学报，2008，(10)：1484-1489.

[71] Reddy K R，Kosgi S，Motan E S. Interface Shear Behavior of Landfill Composite Liner Systems：A Finite Element Analysis [J]. Geosynthetics International，1996，3 (2)：247-275.

[72] 小竹望，山崎智弘，北浦良樹，等.管理型海面処分場の表面遮水工における斜面滑りに関するFem解析 [J].ジオシンセティックス論文集，2002，17：87-94.

[73] Jones D R V，Dixon N. Landfill Lining Stability and Integrity：The Role of Waste Settlement [J]. Geotextiles and Geomembranes，2005，23 (1)：27-53.

[74] Fowmes G J，Dixon N，Jones D R V，et al. Modelling of Lining System Integrity Failure in a Steep Sided Landfill [C]. Proceedings of the 8th International Conference on Geosynthetics (8ICG)，2006：207-210.

[75] Fowmes G J，Dixon N，Jones D R V. Validation of a Numerical Modelling Technique for Multilayered Geosynthetic Landfill Lining Systems [J]. Geotextiles and Geomembranes，2008，26 (2)：109-121.

[76] 李束.软土地基垃圾填埋场沉降的数值模拟 [D].上海：同济大学，2006.

[77] Qian X D，Koemer R M，Gray D H. Geotechnical Aspects of Landfill Design and Construction [M]. Upper Saddle River：Prentice Hall，2001.

[78] Li M，Imaizumi S. Finite Element Study on Direct Shear Tests for Multi-Layered Geosynthetic Liners [J]. Geosynthetics International，2006，13 (4)：145-160.

[79] 徐光明，章为民，张金凯.土工膜防渗层稳定性的离心模型试验研究和极限分析 [J].水利水运科学研究，1999，(1)：34-42.

[80] 乔雄，唐延东.陡峭边坡条件下生活垃圾卫生填埋场高密度聚乙烯（HDPE）膜拉伸稳定分析 [J].科学技术与工程，2011，11（20）：4821-4824.

[81] 刘娟，刘建国，李睿，等.表面沉降对填埋场加速稳定化进程的宏观表征 [J].中国环境科学，2011，（10）：130-134.

[82] 席永慧，熊浩.老港填埋场的稳定性三维数值模拟分析 [J].结构工程师，2011，（5）：78-84.

[83] 陈云敏，高登，朱斌，等.垃圾填埋场沿衬垫界面的地震稳定性及永久位移分析 [J].中国科学（E辑：技术科学），2008，（1）：79-94.

[84] 朱斌，陈云敏，柯瀚.扩建城市垃圾填埋场的地震稳定性分析 [J].岩土力学，2008，（6）：1483-1488.

[85] 柯瀚，陈云敏，凌道盛，等.城市垃圾填埋场地震稳定分析及永久位移计算 [J].地震学报，2001，（2）：204-212.

[86] 王协群，邹维列，朱瑞赓.渗流作用下垃圾填埋场封盖土坡稳定的极限平衡分析 [J].岩石力学与工程学报，2004，（11）：1939-1943.

[87] 冯世进，陈云敏，高广运.垃圾填埋场沿底部衬垫系统破坏的稳定性分析 [J].岩土工程学报，2007，（1）：20-25.

[88] 邓学晶，孔宪京，邹德高.城市垃圾填埋场地震稳定性的拟静力分析方法 [J].岩土工程学报，2010，（8）：1303-1308.

[89] 高丽亚.垃圾填埋场沿底部衬垫界面失稳破坏及土工膜拉力研究 [D].上海：同济大学，2007.

[90] 李明飞，今泉繁良.最終処分場遮水シートに生じる引き込み張力のフィールド実験に対するFem解析 [J].ジオシンセティックス論文集，2006，21：271-276.

[91] 李明飞，今泉繁良.斜面傾度が敷設された遮水シートの固定端張力に与える影響 [J].ジオシンセティックス論文集，2005，20：199-203.

[92] 李明飛，許四法，今泉繁良.廃棄物の埋め立て進行に伴う遮水シート張力の変動 [J].ジオシンセティックス論文集，2004，19：121-126.

[93] Li M，Imaizumi S. FEM Study on Tensile Force of Geosynthetic Liner with a Change of Side Slope Gradient [C].Proceedings of the 8th International Conference on Geosynthetics，2006：217-220.

[94] 李明飞，郑效峰，那达慕，等.土工合成材料界面应变软化特性的一种本构新模型 [J].沈阳工业大学学报，2015，（1）：97-101.

[95] 洪勇，孙涛，栾茂田，等.土工环剪仪的开发及其应用研究现状 [J].岩土力学，2009，30（3）：628-634.

[96] Jones D R V，Dixon N. Shear Strength Properties of Geomembrane/Geotextile Interfaces [J].Geotextiles and Geomembranes，1998，16（1）：45-71.

[97] Esterhuizen J J B，Filz G M，Duncan J M. Constitutive Behavior of Geosynthetic Interface [J].Journal Geotech and Geoenvir Engrg，ASCE，2001，127（10）：834-840.

[98] 徐超，廖星樾，叶观宝，等.土工合成材料界面摩擦特性的室内剪切试验研究 [J].岩土力学，2008（5）：1285-1289.

[99] Clough G W，Duncan J M. Finite Element Analysis of Retaining Wall Behavior [J].Journal of Soil Mechanics and Foundations Division，ASCE，1971，97（12）：1657-1672.

［100］ Ling H I，Cardany C P，Sun L X，et al. Finite Element Study of a Geosynthetic-Reinforced Soil Retaining Wall with Concrete-Block Facing ［J］. Geosynthetics International，2000，7 (3)：163-188.

［101］ Duncan J M，Chang C Y. Nonlinear Analysis of Stress and Strain in Soil ［J］. Journal of Soil Mechanics and Foundations Division，ASCE，1970，196 (5)：1629-1653.

［102］ Rowe P W. The Stress-Dilatancy Relation for Static Equilibrium of an Assembly of Particles in Contact ［J］. Proc Roy Soc A，1962，269：500-527.

［103］ Gilbert R B，Byrne R J. Strain-Softening Behavior of Waste Containment System Interfaces ［J］. Geosynthetics International，1996，3 (2)：181-203.

［104］ Stark T D，Poeppel A R. Landfill Liner Interface Strengths From Torsional-Ring-Shear Tests ［J］. Journal of Geotechnical Engineering，1994，120 (3)：597-615.

［105］ Girard H，Fisher S，Alonso E. Problems of Friction Posed by the Use of Geomembranes On Dam Slopes-Examples and Measurements ［J］. Geotextiles and Geomembranes，1990，9 (2)：129-143.

［106］ Koutsourais M M，Sprague C J，Pucetas R C. Interfacial Friction Study of Cap and Liner Components for Landfill Design ［J］. Geotextiles and Geomembranes，1991，10 (5)：531-548.

［107］ Izgin M，Wasti Y. Geomembrane-Sand Interface Frictional Properties as Determined by Inclined Board and Shear Box Tests ［J］. Geotextiles and Geomembranes，1998，16 (4)：207-219.

［108］ Lalarakotoson S，Villard P，Gourc J P. Shear Strength Characterization of Geosynthetic Interfaces On Inclined Planes ［J］. Geotechnical Testing Journal，1999，22 (4)：284-291.

［109］ Lopes P C，Lopes M L，Lopes M P. Shear Bahaviour of Geosynthetics in the Inclined Plane Test：Influence of Soil Particle Size and Geosynthetic Structure ［J］. Geosynthetics International，2001，8 (4)：327-342.

［110］ Wasti Y，Bahadir Özdüzgün Z. Geomembrane-Geotextile Interface Shear Properties as Determined by Inclined Board and Direct Shear Box Tests ［J］. Geotextiles and Geomembranes，2001，19 (1)：45-57.

［111］ Briancon L，Girard H，Poulain D. Slope Stability of Liner Systems：Experimental Modeling of Friction at Geosynthetic Interfaces ［J］. Geotextiles and Geomembranes，2002，20 (3)：147-172.

［112］ Viswanadham B V S，Jessberger H L. Centrifuge Modeling of Geosynthetic Reinforced Clay Liners of Landfills ［J］. Journal of Geotechnical and Geoenvironmental Engineering，ASCE，2005，131 (5)：564-574.

［113］ 坪井正行. ジオメンブレンの材料特性とライナーとしての力学的評価に関する研究 ［D］. 宇都宮：宇都宮大学，1999.

［114］ 許四法，今泉繁良. 傾斜角の異なる斜面に敷設された遮水工の引き込み張力 ［J］. ジオシンセティックス論文集，2003，18：49-54.

［115］ Tano B F G，Dias D，Stoltz G，et al. Numerical Modelling to Identify Key Factors Controlling Interface Behaviour of Geosynthetic Lining Systems ［J］. Geosynthetics International，2017，24 (2)：167-183.

［116］ 孙洪军，赵丽红，魏巍.城市垃圾填埋场中土工膜锚固设计的研究［J］.辽宁工业大学学报：自然科学版，2010，(6)：368-370.

［117］ 张文华，许四法，马成畅.垃圾场止水材料固定方法的实验研究［J］.新型建筑材料，2005，(7)：41-43.

［118］ Raviteja K V N S，Basha B M. Optimal Reliability Based Design of V-shaped Anchor Trenches for MSW Landfills［J］. Geosynthetics International，2018，25 (2)：200-214.

［119］ Bhowmik R，Shahu J T，Datta M. Experimental Investigations on Inclined Pullout Behaviour of Geogrids Anchored in Trenches［J］. Geosynthetics International，2019，26 (5)：515-524.